U0113970

MySQL
数据库任务驱动式教程

微课版

于丽娜 程永红 ◉ 主编

韩爱霞 张亚静 张晓玲 ◉ 副主编

MYSQL DATABASE

人民邮电出版社

北　京

图书在版编目（ＣＩＰ）数据

MySQL数据库任务驱动式教程：微课版 / 于丽娜，
程永红主编. -- 北京：人民邮电出版社，2024.3
工业和信息化精品系列教材
ISBN 978-7-115-61934-1

Ⅰ．①M… Ⅱ．①于… ②程… Ⅲ．①SQL语言－数据
库管理系统－教材 Ⅳ．①TP311.132.3

中国国家版本馆CIP数据核字(2023)第104233号

内 容 提 要

本书是为编者主持的省级精品在线开放课程编写的数据库配套教材。本书针对职业教育的特点，从数据库设计和开发的实际需求出发，采用理论和实践相结合的方式，以学生熟悉的"学生成绩管理系统"为案例，并将此案例贯穿全书。全书共分为 8 个项目，每个项目分为若干任务，项目之后均有项目总结、项目实战和习题训练，帮助读者巩固所学知识。读者还可以扫描书中二维码观看配套的微课视频。

本书主要内容包括设计数据库、管理数据库、管理数据表、实施数据完整性、数据的增/删/改/查操作、视图和索引的使用、T-SQL 语句、存储过程和函数的使用、数据库的安全管理机制等。

本书适合作为职业本科院校和高等职业院校计算机、电子信息、物联网等相关专业的教材，也可以供信息技术、物联网、嵌入式系统等领域的工程技术人员参考或者数据库系统的相关培训使用。

◆ 主　　编　于丽娜　程永红

　　副 主 编　韩爱霞　张亚静　张晓玲

　　责任编辑　鹿　征

　　责任印制　王　郁　焦志炜

◆ 人民邮电出版社出版发行　　北京市丰台区成寿寺路 11 号

　　邮编　100164　电子邮件　315@ptpress.com.cn

　　网址　https://www.ptpress.com.cn

　　三河市君旺印务有限公司印刷

◆ 开本：787×1092　1/16

　　印张：14.5　　　　　　　　　　2024 年 3 月第 1 版

　　字数：271 千字　　　　　　　　2024 年 3 月河北第 1 次印刷

定价：56.00 元

读者服务热线：(010)81055256　印装质量热线：(010)81055316
反盗版热线：(010)81055315
广告经营许可证：京东市监广登字 20170147 号

前言 FOREWORD

数据库技术是计算机应用领域中非常重要的技术，产生于 20 世纪 60 年代末，是数据管理的新兴技术，也是软件技术的一个重要分支。数据库的应用场景非常广泛，如政府、银行、医院等，因此社会对数据库技术人才的需求呈上升趋势，用人市场提供的相关职位有数据库管理、数据库应用系统开发等。

常见的数据库产品有很多，MySQL 是最流行的数据库之一，市场占比仅次于 Oracle 数据库，很多新创业的公司或者中小型企业都选择使用 MySQL 数据库。因此掌握 MySQL 数据库技术非常有必要。

1. 本书结构

本书共 8 个项目，每个项目包括若干任务，每个任务有任务描述、任务分析、任务小结，在任务分析后讲解学生需要储备的知识，进而为任务实施做好准备。为进一步提高学生应用 MySQL 的技能水平，每个任务提供相应的知识拓展，具体内容如下。

项目 1 数据库入门：介绍数据库的基本概念、MySQL 环境的搭建、学生成绩管理系统数据库的设计。

项目 2 管理学生成绩管理系统数据库：介绍使用图形化界面和 SQL 语句管理数据库。

项目 3 管理学生成绩管理系统数据表：介绍使用图形化界面和 SQL 语句管理数据表、为数据表设置约束等操作。

项目 4 操作学生成绩管理系统数据：介绍数据的添加、删除、修改、查询等操作。

项目 5 使用视图和索引优化学生成绩管理系统数据：介绍视图的创建、修改、删除，使用视图更新数据，索引的使用。

项目 6 管理学生成绩管理系统事务：介绍事务的基本操作、事务隔离级别、事务的模式。

项目 7 使用程序逻辑操作学生成绩管理系统数据库：介绍编程基础知识、存储过程和函数的实现，利用触发器实施数据处理。

项目 8 维护学生成绩管理系统数据库的安全性：介绍数据库的备份和还原、用户与权限的管理。

2. 本书特点

本书面向 MySQL 管理员、MySQL 数据库应用系统的开发人员，培养其所需要的职业能力和职业素养。

本书以学生熟悉的案例"学生成绩管理系统"贯穿始终，分解后的项目都有项目总结、项目实战和习题训练，项目实战以"网上订餐系统"贯穿始终。本书内容由浅入深，将理论和实践紧密结合，反映职业教育的特点，能够让学生循序渐进地掌握数据库知识。

本书编者在教学一线从事数据库系统、软件系统教学工作多年，同时也有着丰富的企业实践经历。本书是在编者开发的多个数据库软件的基础上编写而成的，并不单纯地讲解理论或者实践，而是通过逐步解决实际问题来让学生逐渐掌握数据库技术。

3. 本书教学安排建议

本书建议线下授课 56 学时（见下表），学生可以根据实际情况有选择性地进行线上学习。

学时分配表

项目序号	项目名称	建议学时
1	数据库入门	6
2	管理学生成绩管理系统数据库	6
3	管理学生成绩管理系统数据表	8
4	操作学生成绩管理系统数据	8
5	使用视图和索引优化学生成绩管理系统数据	8
6	管理学生成绩管理系统事务	6
7	使用程序逻辑操作学生成绩管理系统数据库	8
8	维护学生成绩管理系统数据库的安全性	6
	合计	56

4. 本书配套资源

为了方便教学，编者开发了丰富的配套数字化教学资源，如配套 PPT 课件、微课视频、思维导图、完整的教学案例代码、配套项目实战代码、习题训练答案等。有需要的教师可在人邮教育社区（https://www.ryjiaoyu.com）网站注册登录后下载相关资源，也可扫描书中的二维码观看配套的微课视频。

使用本书时请注意：MySQL 在 Windows 操作系统下不区分英文大小写，但在 Linux 操作系统下默认区分英文大小写。因此，本书代码按照 MySQL 通用编码规范，数据库名、表名和字段名均用小写英文字母。

本书由于丽娜、程永红担任主编，韩爱霞、张亚静、张晓玲担任副主编。编者在编写本书的过程中得到了学校领导和系领导的大力支持，在此一并表示感谢。

由于编者水平有限，书中难免存在疏漏之处，恳请广大读者提出宝贵意见和建议，以便修订时加以完善。

编者
2023 年 5 月

目录 CONTENTS

项目 8

维护学生成绩管理系统数据库的安全性 ················· 195

项目描述 ························· 195

附录

项目1
数据库入门

01

项目描述

近年来，随着信息技术的不断发展，数据库技术也在不断进步。数据库技术是信息处理的核心技术之一，广泛应用于各类信息系统。例如，当前网上购物已经是人们日常消费的重要形式，京东、天猫、唯品会、淘宝网等购物平台的数据存储都离不开数据库技术。MySQL是目前流行的开放源代码的小型数据库系统，被广泛应用于各类网站中。本项目分为3个任务，主要讲解安装、配置 MySQL 环境，启动、停止 MySQL 服务，登录 MySQL 服务器，以及设计数据库。

学习目标

知识目标
① 理解数据库、数据、数据库管理系统等基本概念。
② 掌握 MySQL 的安装与配置方法。
③ 掌握 MySQL 服务的启动、停止方法。
④ 掌握登录 MySQL 服务器的方法。
⑤ 了解数据库设计的基本步骤。
⑥ 掌握 E-R 图的绘制方法。
⑦ 掌握将 E-R 图转换为关系模型的原则。

技能目标
① 能够搭建 MySQL 的运行环境，能够登录 MySQL 服务器。
② 能够根据实际需求设计数据库。

素养目标
① 增强获取信息的能力，提高竞争意识和创新意识。
② 培养科学严谨、求真务实的学习态度。
③ 树立做有理想、有本领、有担当的时代新人的信念。

任务 1.1 体验数据库

【任务描述】

本任务通过具体的案例来体验数据库的应用，对数据库管理系统、数据库和数据表等能够有直观的认识。

【任务分析】

体验数据库的经典案例有很多，例如：网上订票；使用教学管理系统查询学生课程和成绩信息；图书馆图书的借阅；外卖订餐，等等。本任务以在京东购买商品为例来体验数据库的应用。登录京东，查询、购买 MySQL 数据库的相关图书，根据查询结果，体验数据库在电子商务系统中的地位和作用，并在体验数据库应用的基础之上，了解数据库技术的基本概念。

1.1.1 MySQL 概述

MySQL 是关系数据库管理系统，由瑞典 MySQL AB 公司开发，目前属于 Oracle 公司旗下产品，具有开源、稳定、可靠、管理方便以及支持众多平台等特点。如今的许多网站选择用 MySQL 数据库存储和管理数据，如阿里巴巴集团的淘宝网。MySQL 版本不断升级，其功能越来越完善。因此，数据库技术已成为计算机相关专业学生需要了解并掌握的技术之一。

MySQL 作为关系数据库管理系统的重要产品之一，被广泛地应用在 Internet 的中小型网站上，其主要有以下特征。

① 运行速度快。运行速度快是 MySQL 的显著特性，开发者声称 MySQL 可能是目前运行速度最快的数据库。

② 容易使用。MySQL 是一个高性能且相对简单的数据库管理系统，与一些更大系统的设置和管理相比，其设置和管理的复杂程度较低。

③ 支持大型数据库。InnoDB 存储引擎将 InnoDB 表保存在一个表空间内，该表空间可以由数个文件创建。这样，表的大小就能超过单独文件的最大容量。表空间还可以包括原始磁盘分区，从而可以构建很大的表，表的大小最大可达 64TB。

④ 支持查询语言。MySQL 不仅支持结构查询语言（Structure Query Language，SQL），还支持使用开放数据库互连（Open DataBase Connectivity，ODBC）的应用程序（ODBC 是 Microsoft 公司开发的一种数据库通信协议）。

⑤ 功能强大。许多客户端可同时连接到服务器，并同时使用多个数据库。用户可利用几个输入查询语句并查看结果的界面来交互式地访问 MySQL。存储引擎使 MySQL 能够有效应用于各种数据库应用系统，并且高效完成各种任务。

⑥ 安全性高。MySQL 具有灵活和安全的权限密码系统，允许基于主机的验证。MySQL

连接到服务器时，所有的密码传输均采用加密形式，可保证密码的安全。

⑦ 可移植性强。MySQL 可运行在各种版本的 UNIX 系统和其他非 UNIX 系统（如 Windows 和 OS/2）上。

1.1.2 数据库的基本概念

在学习数据库技术前，应先了解数据库相关的一些基本概念，包括数据、数据库、数据库管理系统等。

（1）数据

数据（Data）是指对客观事物进行记录并可以鉴别的符号，是对客观事物的性质、状态以及相互关系等进行记载的物理符号或物理符号的组合。数据是事实或观察的结果，是对客观事物的逻辑归纳，是用于表示客观事物的未经加工的原始素材。数据可以是连续的值，如声音、图像，称为模拟数据；也可以是离散的值，如文字，称为数字数据。在计算机系统中，数据以二进制信息单元 0、1 的形式表示。

（2）数据库

数据库是按照数据结构来组织、存储和管理数据的仓库，其本身可被看作电子化的文件柜。数据库由表、关系、视图、存储过程、触发器等操作对象组成。在数据库中，用户可以对数据进行增加、修改、删除等操作，数据库的存储空间很大，可以存放百万条、千万条、上亿条数据。但是数据库并不是随意地将数据进行存放，而是有一定规则的。数据库是一个按数据结构来存储和管理数据的计算机软件系统。数据库的概念实际包括以下两层意思。

① 数据库是一个实体，它是能够合理保管数据的仓库，用户在该仓库中存放要管理的事务数据，"数据"和"库"两个概念结合成为数据库。

② 数据库是数据管理的新方法和技术，它能更合适地组织数据、更方便地维护数据、更严密地控制数据和更有效地利用数据。

（3）数据库管理系统

数据库管理系统（DataBase Management System，DBMS）是用户创建、管理和维护数据库时所使用的软件，位于用户与操作系统之间，用于对数据库进行统一管理。DBMS 能定义数据存储结构，提供数据的操作机制，维护数据库的安全性、完整性和可靠性。虽然已经有了 DBMS，但是在很多情况下，DBMS 无法满足用户对数据管理的高要求。

（4）数据库系统

数据库系统由硬件部分和软件部分共同构成。其中，硬件部分主要用于存储数据库中的数据，包括计算机、存储设备等；软件部分则主要包括数据库、DBMS、支持 DBMS 运行的操作系统，以及支持使用多种语言进行应用开发的数据库应用程序（DataBase Application）等。

数据库应用程序是为了提高数据库系统的处理能力所使用的管理数据库的软件的补充，不仅可以满足用户对数据管理的高要求，还可以使数据管理过程更加直观和友好。数据库应用程序负责与 DBMS 进行通信，访问和管理 DBMS 中存储的数据，允许用户增加、修改、删除数据库中的数据。

数据库用户无法直接通过操作系统获取数据库文件中的具体内容。数据库管理系统通过调用操作系统的进程管理、内存管理、设备管理及文件管理等服务，为数据库用户提供管理、控制数据库中各种数据库对象、数据库文件的接口。

（5）数据库管理员

数据库管理员（DataBase Administrator，DBA）是从事管理和维护 DBMS 工作的相关人员的统称，属于运维工程师的一个分支，主要负责业务数据库从设计、测试到部署、交付的全生命周期管理。

DBA 的核心任务是保证 DBMS 的稳定性、安全性、完整性和高性能。

在国外，也有公司把 DBA 称作数据库工程师（Database Engineer），两者的工作内容基本相同，都是保证数据库服务 7×24h 稳定、高效地运转，但是需要区分一下 DBA 和数据库开发工程师（Database Developer）的不同。

① 数据库开发工程师的主要职责是设计和开发数据库管理系统和数据库应用程序，侧重于软件研发。

② DBA 的主要职责是运维和管理数据库管理系统，侧重于运维和管理。

（6）数据库用户

数据库用户即使用和共享数据库资源的人，可分为普通使用者、数据库设计人员和数据库开发人员。数据库设计人员是对数据库进行需求分析、概念结构设计、逻辑结构设计、物理结构设计的专业人员。数据库开发人员是专业的编程人员，负责编写使用数据库的应用程序。

1.1.3 数据模型

数据库的类型通常是按照数据模型来划分的。数据模型是数据库系统的核心和基础，它是对现实世界数据特征进行的抽象描述，可以理解成一种数据结构。在数据库的发展过程中，数据库出现了 4 种数据模型，分别是层次模型、网状模型、关系模型和面向对象模型。

（1）层次模型

层次模型是用树状结构来组织数据的数据模型。在层次模型中，每一个节点表示一个实体，节点之间的连线表示实体之间的联系。层次模型中，有且只有一个节点并且没有双亲节点，这个节点称为根节点；根节点以外的其他节点有且只有一个双亲节点。层次数据库系统的典型代表是 IBM 公司的信息管理系统（Information Management System，IMS）。

（2）网状模型

网状模型是用有向图表示实体和实体之间的联系的数据模型。网状模型允许一个以上的节点无双亲节点，一个节点可以有多于一个的双亲节点。网状模型中所有的节点可以脱离父节点而存在，也就是说在整个模型中允许存在两个或多个没有根节点的节点，同时也允许一个节点存在一个或者多个父节点，形成一种网状的有向图。因此，网状模型中节点之间的对应关系不再是 1:*n* 的关系，而是 *m*:*n* 的关系，从而可弥补层次模型的缺陷。网状数据库系统的典型代表是 DBTG 系统，亦称 CODASYL 系统，这是 20 世纪 70 年代由数据库任务组（Database Task Group，DBTG）提出的一个系统方案。

（3）关系模型

关系模型使用表格表示实体和实体之间的关系，是一种基于记录的模型。在关系模型中，一个关系对应一张二维表，表由行和列组成。一行表示一个实体，称为一条记录或者一个元组；一列表示实体的一个属性，称为一个字段。关系数据库是目前非常流行的数据库，也是被普遍使用的数据库，如 MySQL 就是一种流行的数据库。支持关系模型的数据库管理系统称为关系数据库管理系统。

（4）面向对象模型

面向对象模型是捕获在面向对象程序设计中所支持的对象语义的逻辑数据模型，它是持久的和共享的对象集合，具有模拟整个解决方案的能力。面向对象模型把实体表示为类，一个类描述了对象属性和实体行为。面向对象数据库通过逻辑包含（Logical Containment）来维护联系。面向对象模型强调对象（由数据和代码组成）而不是单独的数据，这主要是从面向对象程序设计语言继承而来的。在面向对象程序设计语言里，程序中可以定义包含其自身的内部结构、特征和行为的新类型或对象类。面向对象模型的结构是非常容易变化的。与传统的数据库（如层次数据库、网状数据库或关系数据库）不同，面向对象数据库没有单一、固定的数据库结构。编程人员可以给类或对象类型定义任何有用的结构，例如链表、集合、数组等。

1.1.4 任务实施

1. 查询商品与浏览商品列表

启动浏览器，访问京东首页，输入账户、密码登录京东，京东首页的左侧显示了京东网上商城的全部商品分类，京东首页如图 1-1 所示。

图 1-1 京东首页

在京东首页的搜索框中输入"MySQL 数据库"，在搜索结果中可以看到有关 MySQL 数据库图书的相关信息，如图 1-2 所示。

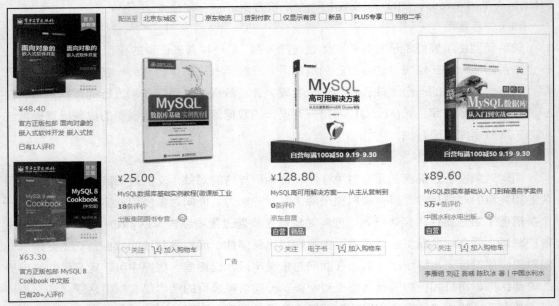

图 1-2　输入"MySQL 数据库"的搜索结果

2．查看商品详细信息

在图 1-2 中，如果想查看《MySQL 数据库基础实例教程（微课版）》图书的详细信息，单击该图书即可显示该图书的详细信息，如图 1-3 所示。

图 1-3　查看《MySQL 数据库基础实例教程（微课版）》图书的详细信息

3．选购商品

在浏览器中选择商品，单击"加入购物车"按钮，可以将所选商品加到购物车中。图 1-4

显示了购物车中的商品信息。

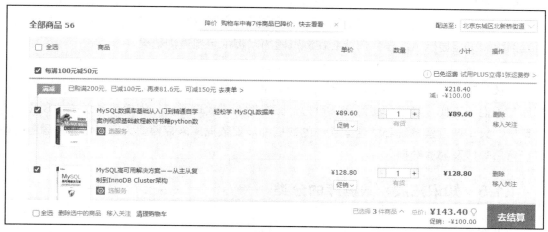

图 1-4　购物车中的商品信息

4．选中商品进行结算

购物车中可能有多件商品，从中选择需要结算的商品，单击"去结算"按钮后打开结算页，如图 1-5 所示。编辑收货人信息，选择支付方式进行结算，即可完成商品的购买。

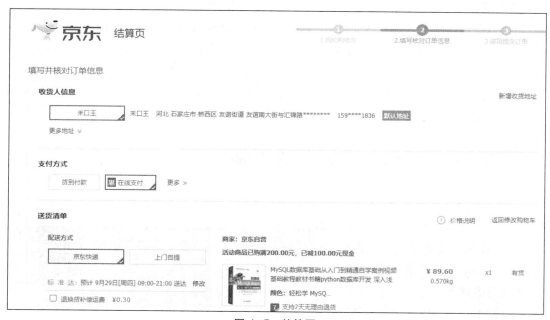

图 1-5　结算页

从上述操作过程可知，我们查询"MySQL 数据库"，查询结果中包含"MySQL 数据库"的各种信息，这些数据信息来自哪里？网站是如何获得这些数据信息的？事实上，这些数据存储在数据库服务器的数据库中。数据库中保存着各种信息，如价格、出版社、作者等。在浏览器中输入相应的查询条件，单击搜索按钮，就会把查询请求提交给应用软件，应用软件把查询请求转换成数据库系统能识别的命令，并将其提交给数据库服务器，由数据库服务器中的 DBMS 进行数据处理，从数据库中读出数据，并把处理结果返回给应用软件，应用软件再返回给浏览器显示，这样我们就会在浏览器的网页中看到查询结果。

【任务小结】

本任务主要通过网上购物体验数据库的应用，让我们切实感受到数据库的无处不在，数据库与人们的工作、学习和生活密不可分。图书馆图书管理系统、学校教务系统、校园一卡通系统、火车票订票系统等，这些系统的数据都需要数据库来存储，大家可以认真思考这些系统背后都涉及哪些数据。

1.1.5　知识拓展：数据库的分类

数据库有两种类型：关系数据库与非关系数据库。

关系数据库是指建立在关系模型基础上的数据库，借助集合代数等数学概念和方法来处理数据库中的数据。其存储结构能直观地反映实体间的关系，和创建的表格比较相似，表与表有复杂的关联关系。常见的关系数据库有 Oracle、MySQL、DB2、Microsoft SQL Server、Microsoft Access 等。

非关系数据库指的是分布式的、非关系的、不保证遵循 ACID 原则的数据存储系统。

ACID 是指数据库管理系统（DataBase Management System，DBMS）在写入或更新资料的过程中，为保证事务是正确可靠的，所必须具备的 4 个特性，包括原子性（atomicity，又称不可分割性）、一致性（consistency）、隔离性（isolation，又称独立性）、持久性（durability）。

常见的非关系数据库有 MongoDB、Redis、HBase、Cloudant 等。非关系数据库主要使用场景有海量数据存储、多格式的数据存储、要求查询速度快的数据存储等。

任务 1.2　MySQL 的安装与配置

MySQL 是目前非常流行的关系数据库管理系统之一，关系数据库将数据保存在不同的表中，而不是将所有数据放在一个大仓库内，这样就可加快运行速度并提高灵活性。由于其体积小、运行速度快、成本低，许多中小型网站都选择 MySQL 作为网站数据库。

V1-2　安装环境

【任务描述】

下载 MySQL，完成 MySQL 的安装与配置。

【任务分析】

MySQL 数据库支持多个平台，不同平台下的安装和配置过程也不同，可以分为 Windows版、UNIX 版、Linux 版和 macOS 版。本任务讲解在 Windows 平台下安装和配置 MySQL、启动和停止 MySQL 服务以及登录 MySQL 服务器的方法。

1.2.1 MySQL 服务的启动和停止

MySQL 安装完成后，需要启动 MySQL 服务，客户端才能正常登录到 MySQL 服务器。

服务是 Windows 系统后台运行的程序，在安装 MySQL 时，已将 MySQL 安装为 Windows 服务，当 Windows 系统启动时，MySQL 服务也会随之启动。若需要改变 MySQL 服务的启动和停止，可以使用以下两种方法。

方法 1：通过命令启动和停止 MySQL 服务。

右击"开始"按钮，选择"运行"命令，在弹出的"运行"对话框中输入"cmd"，单击"确定"按钮，打开命令提示符窗口。在命令提示符窗口中输入相应的命令即可启动、停止 MySQL 服务。

启动 MySQL 服务的命令如下：

```
net start mysql57
```

停止 MySQL 服务的命令如下：

```
net stop mysql57
```

方法 2：通过 Windows 服务管理器启动和停止 MySQL 服务。

通过 Windows 服务管理器可以查看 MySQL 服务的状态。右击"开始"按钮，选择"运行"命令，在弹出的"运行"对话框中输入"services.msc"，单击"确定"按钮，打开 Windows 服务管理器，如图 1-6 所示。

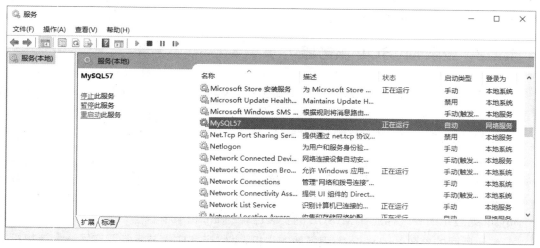

图 1-6　Windows 服务管理器

从图 1-6 中可以看出 MySQL 服务已经启动。双击 MySQL 服务选项打开"MySQL57 的属性"对话框，在此对话框中可以设置启动类型，如图 1-7 所示。

在图 1-7 所示的对话框中，启动类型的选项含义如下。

① 自动：通常与系统紧密关联的服务才必须设置为自动，这样服务就会随系统一起启动。

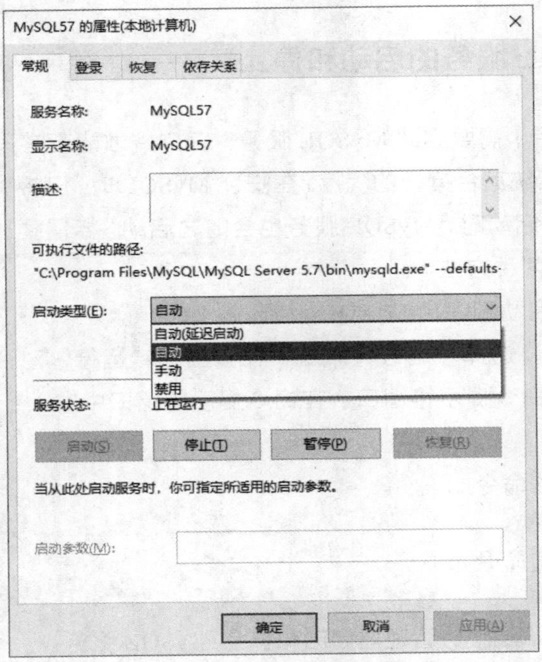

图 1-7　"MySQL57 的属性"对话框

② 手动：服务不会随系统一起启动，而是在需要时手动激活。

③ 禁用：服务将不再启动，即使是在需要时也不会被启动。如果想启动某服务，只能修改其启动类型为其他两种类型。

1.2.2　登录 MySQL 服务器

MySQL 服务启动后，即可登录 MySQL 服务器，Windows 操作系统下可以通过两种方法登录。

方法 1：使用命令登录 MySQL 服务器。

登录 MySQL 服务器可以通过 DOS 命令完成，命令语法格式如下：

```
mysql -h hostname -u username -p password
```

语法说明如下。

mysql 为登录命令，存放在 MySQL 的安装目录的 bin 目录下。

-h 表示后面的参数 hostname 为服务器的主机地址，当客户端与服务器在同一台计算机上时，hostname 参数可以使用 localhost 或 127.0.0.1。

-u 表示后面的参数 username 为登录 MySQL 服务器的用户名。

-p 表示后面的参数 password 为指定的用户密码。

方法 2：使用 MySQL 客户端方式登录 MySQL 服务器。

MySQL 成功安装和配置完成后，可以通过 MySQL 客户端方式登录 MySQL 服务器。选择"开始"菜单中的"MySQL"下的"MySQL 5.7 Command Line Client"命令，进入客户端，在客户端命令提示符窗口中输入密码，即可以 root 用户身份登录到 MySQL 服务器，如图 1-8 所示。之后就可以在此操作数据库了。

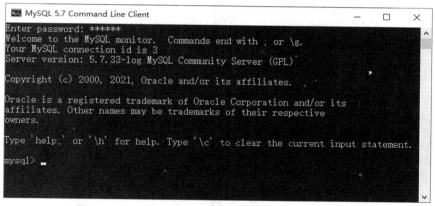

图 1-8　使用 MySQL 客户端方式登录 MySQL 服务器

1.2.3　图形化管理工具 SQLyog 的使用

图形化管理工具可以简化数据库的操作和管理，常用的图形化管理工具有 Navicat for MySQL、MySQL Workbench、phpMyAdmin 等，本书选用 SQLyog 图形化管理工具，版本为 SQLyog 13.1.6。

SQLyog 是可视化的 MySQL 管理和开发工具，用于访问、配置、控制和管理 MySQL 数据库中的所有对象及组件。SQLyog 将多样化的图像工具和脚本编辑器融合在一起，为 MySQL 的开发和管理人员提供数据库的管理和维护功能。

从网上下载 SQLyog 13.1.6，双击安装文件 SQLyogCommunity.exe，在安装过程中输入注册名和注册码，即可完成安装。

正确安装 MySQL 和 SQLyog 图形化管理工具后，就可以使用 SQLyog 来管理和操作数据库了。

【案例 1-1】通过 SQLyog 登录 MySQL 服务器并查看"stumandb"数据库中的数据表。

操作步骤如下。

① 双击已安装好的 SQLyog 快捷方式，启动 SQLyog 图形化管理工具。

② 建立连接，输入连接名称"studbnet"，如图 1-9 所示。输入完成，单击"确定"按钮，即可打开"连接到我的 SQL 主机"对话框，如图 1-10 所示。

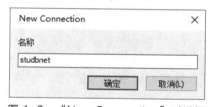

图 1-9　"New Connection"对话框

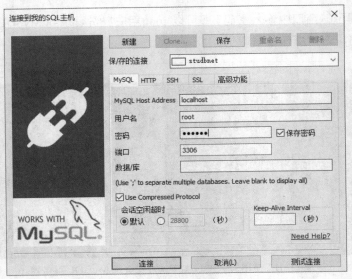

图 1-10 "连接到我的 SQL 主机"对话框

③ 在"连接到我的 SQL 主机"对话框中，输入用户名、密码和端口，单击"连接"按钮，即可连接到 MySQL 服务器。也可以单击"测试连接"按钮，显示测试成功后再进行连接。

④ 连接成功后，即可打开图 1-11 所示的 SQLyog 界面，在 SQLyog 界面中我们就可以进行操作了。

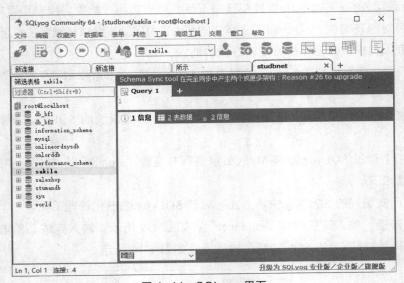

图 1-11 SQLyog 界面

⑤ 查看"stumandb"数据库中的数据表。在 SQLyog 界面左侧数据库列表中双击"stumandb"节点，即可展开该数据库的对象，双击"表"节点，即可查看该数据库中已有的数据表，一共 8 张数据表，如图 1-12 所示。

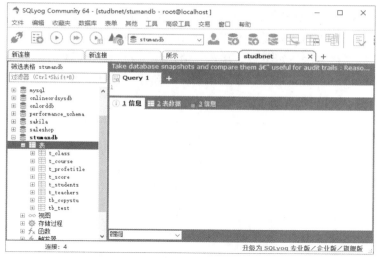

图 1-12　在 SQLyog 界面查看 "stumandb" 数据库中的数据表

1.2.4　任务实施

1. 下载 MySQL

① 打开浏览器，访问 MySQL 官方网站，进入 MySQL 下载页面，可以看到各种版本的下载超链接，如图 1-13 所示。

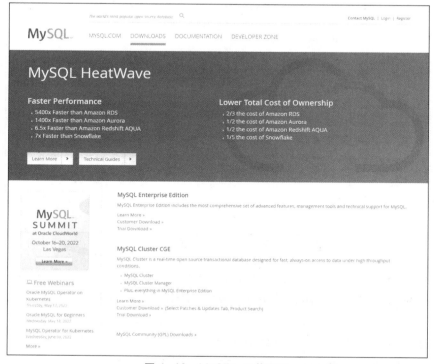

图 1-13　MySQL 下载页面

② 在图 1-13 所示页面中提供了多个版本，其中，社区版是通过 GNU 通用公共许可（GNU General Public License，GPL）协议授权的开源软件，可以免费使用，而企业版是需要付费的商业软件。本书选择社区版进行下载，单击"MySQL Community (GPL) Downloads"，进入"MySQL Community Downloads"页面，如图 1-14 所示。在此页面中单击"MySQL Installer for Windows"，进入图 1-15 所示页面。

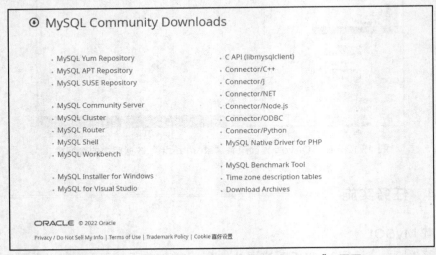

图 1-14 "MySQL Community Downloads" 页面

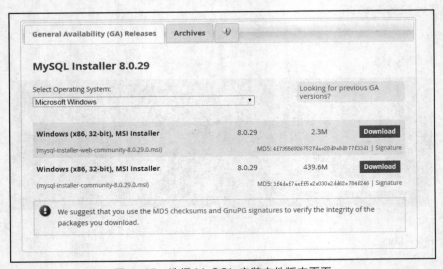

图 1-15 选择 MySQL 安装文件版本页面

③ 在图 1-15 中我们可以看到最新版本是 8.0.29，单击该页面中"Looking for previous GA versions?"超链接，打开图 1-16 所示页面。单击"Download"按钮进入下载页面，如图 1-17 所示。

④ 在图 1-17 所示页面中，如果有 MySQL 的账户，可以单击"Login"按钮，登录账户后进行下载；如果没有 MySQL 的账户，可以直接单击下方的"No thanks,just start my download." 超链接，跳过注册步骤，直接下载。

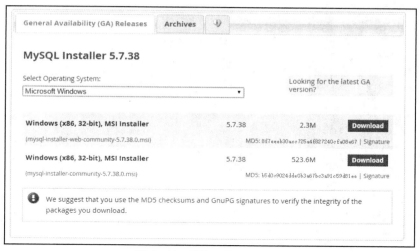

图 1-16　选择下载版本页面

图 1-17　下载页面

2. MySQL 安装

下载完成后，双击下载的文件 "mysql-installer-community-5.7.38.0.msi" 即可进行 MySQL 的安装、配置，具体步骤如下。

① 双击下载的文件，开始 MySQL 的安装。首先进入 "Choosing a Setup Type" 界面，如图 1-18 所示。

② 在 "Choosing a Setup Type" 界面中选择安装类型，其中包括 "Developer Default"（开发者默认）、"Server only"（仅服务器）、"Client only"（仅客户端）、"Full"（完全）和 "Custom"（自定义）5 种安装类型。这里我们选中 "Developer Default"，单击 "Next" 按钮，进入 "Check Requirements" 界面，如图 1-19 所示。

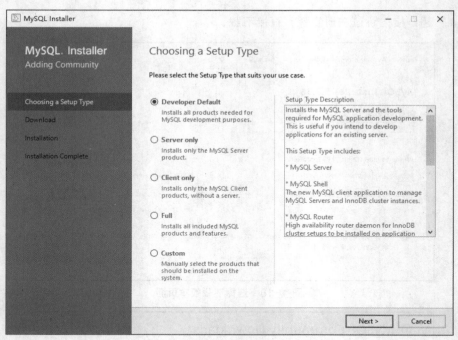

图 1-18   "Choosing a Setup Type"界面

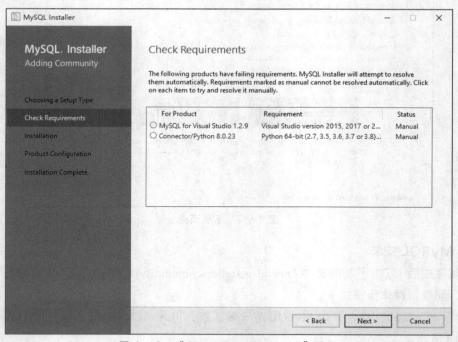

图 1-19   "Check Requirements"界面

③ 在"Check Requirements"界面中，将检查系统是否具备安装所必需的组件。单击"Next"按钮，进入"Installation"界面，如图 1-20 所示。在此界面中，单击"Execute"按钮，开始安装组件。组件安装完成后，将进入图 1-21 所示界面。

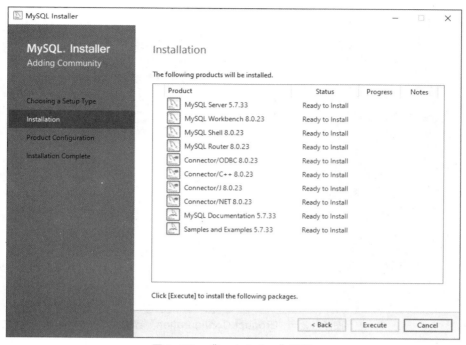

图 1-20 "Installation" 界面

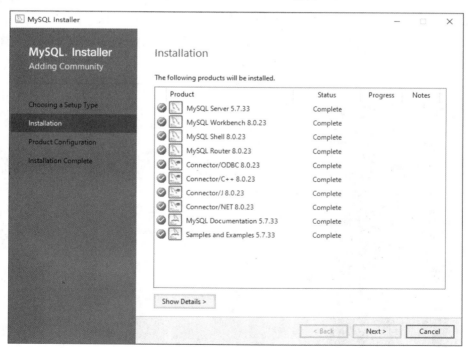

图 1-21 安装完成

④ 随后单击"Next"按钮,进入"Product Configuration"界面,如图 1-22 所示。

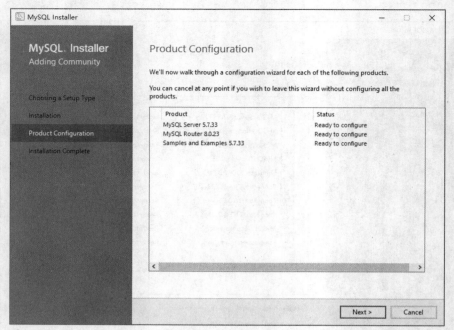

图 1-22　"Product Configuration"界面

⑤ 在"Product Configuration"界面中，单击"Next"按钮，进入"Type and Networking"界面，如图 1-23 所示。在该界面中选择服务器配置类型，这里选择"Development Computer"，设置端口号，默认端口号为 3306，单击"Next"按钮进入"Accounts and Roles"界面，如图 1-24 所示。

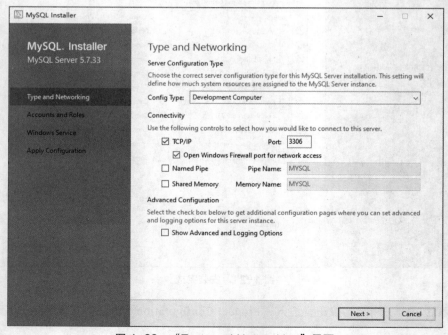

图 1-23　"Type and Networking"界面

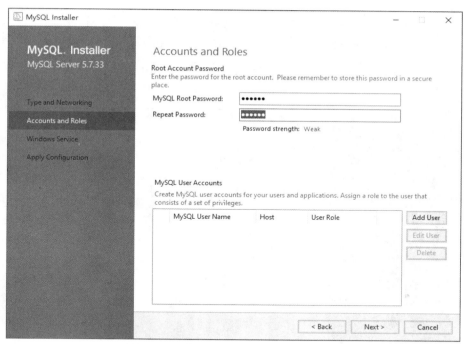

图 1-24　"Accounts and Roles"界面

⑥ 在"Accounts and Roles"界面中，设置 root 用户登录密码，也可以添加新用户，单击"Next"按钮，进入"Windows Service"界面，如图 1-25 所示。

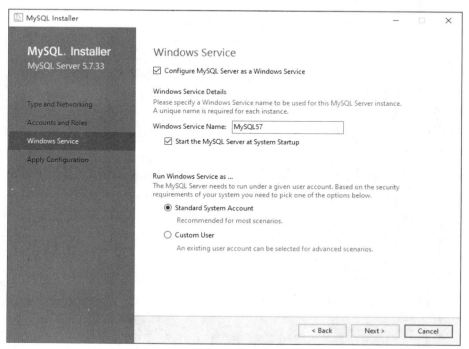

图 1-25　"Windows Service"界面

⑦ 在"Windows Service"界面中，设置 MySQL 服务器名称，设置开机后是否自动启动 MySQL 服务器，这里采用默认设置，单击"Next"按钮，进入"Apply Configuration"界面，如图 1-26 所示。在该界面中单击"Execute"按钮，进入"Product Configuration"界面，如图 1-27 所示。

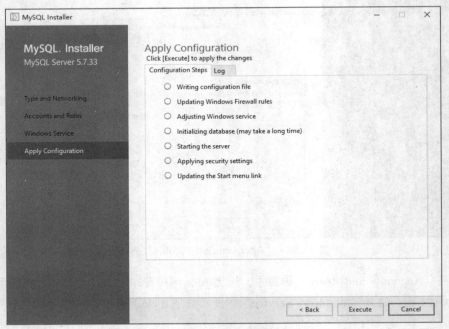

图 1-26 "Apply Configuration"界面

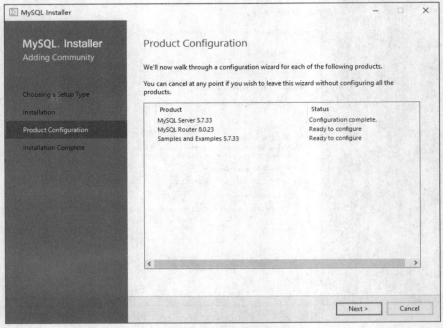

图 1-27 "Product Configuration"界面

⑧ 在"Product Configuration"界面中单击"Next"按钮，进入"Apply Configuration"界面，如图 1-28 所示。配置完成后，单击"Finish"按钮，进入"MySQL Router Configuration"界面，如图 1-29 所示。

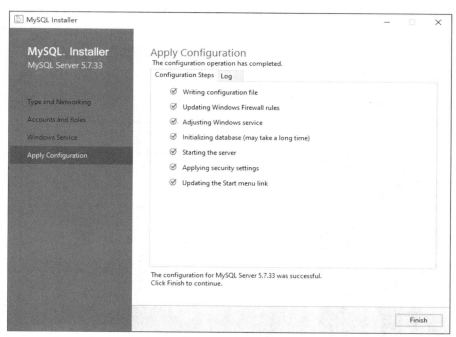

图 1-28　"Apply Configuration"界面

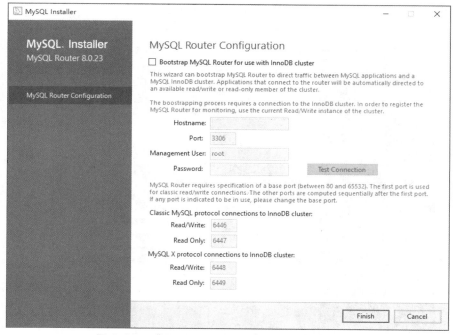

图 1-29　"MySQL Router Configuration"界面

⑨ 在"MySQL Router Configuration"界面中单击"Finish"按钮，进入"Connect To Server"界面，在该界面中单击"Check"按钮，如图1-30所示。再单击"Next"按钮，进入"Apply Configuration"界面，单击"Execute"按钮，配置完成后单击"Finish"按钮，进入"Product Configuration"界面，在该界面中单击"Next"按钮，进入"Installation Complete"界面，如图1-31所示。单击"Finish"按钮，完成安装、配置。

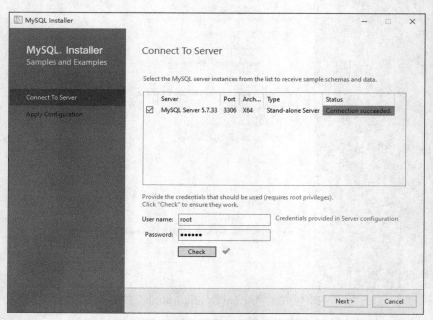

图1-30　"Connect To Server"界面

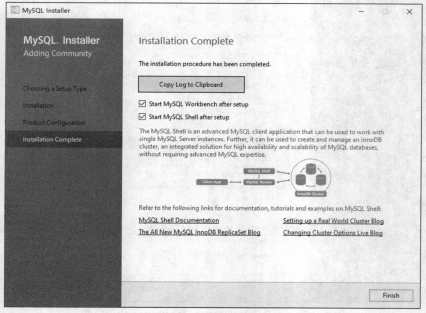

图1-31　"Installation Complete"界面

⑩ 安装完成后，将自动启动 MySQL Workbench 工具，如图 1-32 所示。该工具是 MySQL 提供的操作 MySQL 数据库的图形化管理工具。

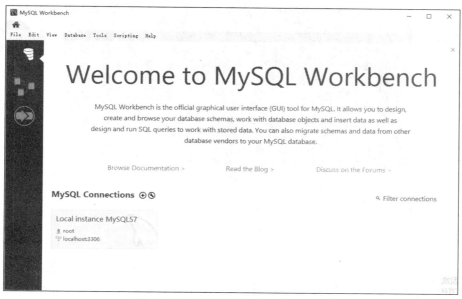

图 1-32　MySQL Workbench 工具

3．MySQL 的使用

（1）启动、停止 MySQL 服务

右击"开始"按钮，选择"运行"命令，在弹出的"运行"对话框中输入"cmd"，单击"确定"按钮，打开命令提示符窗口。

执行如下命令启动 MySQL 服务：

```
net start mysql57
```

执行结果如图 1-33 所示。

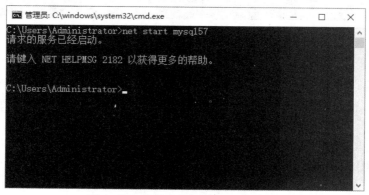

图 1-33　执行命令启动 MySQL 服务

执行如下命令停止 MySQL 服务：

```
net stop mysql57
```

执行结果如图 1-34 所示。

图 1-34　执行命令停止 MySQL 服务

（2）登录 MySQL 服务器

在命令提示符窗口执行如下命令：

```
mysql -h localhost -u root -p
```

系统提示"Enter password:"，输入密码即可成功登录 MySQL 服务器，如图 1-35 所示。

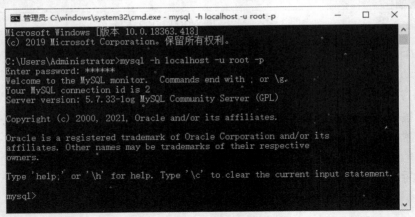

图 1-35　登录 MySQL 服务器

【任务小结】

　　本任务主要介绍了 MySQL 的安装与配置，如何启动与停止 MySQL 服务，如何登录 MySQL 服务器，这也是本项目的重点和难点，掌握这些基本操作，为以后的学习奠定良好的基础。

1.2.5　知识拓展：修改 MySQL 环境变量

　　安装 MySQL 时，如果没有将 MySQL 服务器的 bin 文件夹位置添加到 Windows 系统的环境变量 Path 中，那么则需要手动将 bin 文件夹位置添加到 Path 中，这样可以使以后的操作更加方便，操作步骤如下。

① 右击"此电脑"图标,在弹出的快捷菜单中选择"属性"命令,在打开的窗口中选择"高级系统设置",弹出"系统属性"对话框,如图 1-36 所示。

② 在"系统属性"对话框的"高级"选项卡中,单击"环境变量"按钮,打开图 1-37 所示的"环境变量"对话框,在此对话框中选择"系统变量"中的"Path",单击"编辑"按钮,打开"编辑环境变量"对话框,如图 1-38 所示。

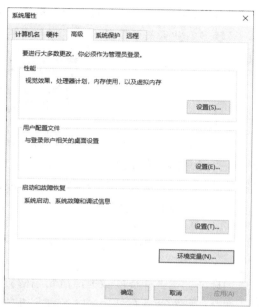

图 1-36　"系统属性"对话框

图 1-37　"环境变量"对话框

③ 在"编辑环境变量"对话框中,单击"新建"按钮,输入 MySQL 服务器的 bin 文件夹位置,单击"确定"按钮,如图 1-39 所示。

图 1-38　"编辑环境变量"对话框(1)

图 1-39　"编辑环境变量"对话框(2)

如此操作后，MySQL 服务器的 bin 文件夹位置便添加到 Path 中了，在命令提示符窗口中就可以直接输入并执行 MySQL 的命令了。

任务 1.3　设计数据库

设计数据库是根据用户的需求，在某一具体的数据库管理系统中，设计数据库结构和建立数据库的过程。当数据库比较复杂（如数据量大、表较多、业务关系复杂）时，我们需要先设计数据库，因为良好的数据库设计可以节省数据的存储空间，保证数据的完整性，且方便进行数据库应用系统的开发。

【任务描述】

本任务以学生成绩管理系统为例来介绍如何设计数据库。

【任务分析】

当数据库比较复杂时，我们需要先设计数据库。因为良好的数据库设计能够节省数据的存储空间、能够保证数据的完整性、方便进行数据库应用系统的开发等，而糟糕的数据库设计可能导致数据冗余、存储空间浪费、内存空间浪费、数据更新和插入的异常等。

1.3.1　数据库设计概述

数据库设计（Database Design）是指对给定的应用环境，设计优良的数据库逻辑结构和物理结构，并在此基础上建立数据库及其应用系统，使之能够有效地存储和管理数据，满足各种用户的应用需求，包括信息管理需求和数据处理需求。

广义的数据库设计是指数据库及其应用系统的设计，即设计整个数据库应用系统；狭义的数据库设计是指设计数据库本身，即设计数据库的各级模式并建立数据库，这是数据库应用系统设计的一部分。本书中讲的是狭义的数据库设计。

数据库设计的目标是为用户和应用系统提供一个较好的信息基础设施和能够高效率运行的环境。这里的效率包括数据库的存取效率、存取空间的利用率、数据库系统运行管理的效率等。

数据库设计是数据库应用系统设计与开发的核心，数据库标准化设计决定着大型软件系统的稳定性的安全性。

1.3.2　数据库设计步骤

数据库设计的步骤通常分为 6 个阶段，即需求分析、概念结构设计、逻辑结构设计、物理结构设计、数据库实施、数据库运行与维护，如图 1-40 所示。

（1）需求分析

需求分析是对数据库应用系统的应用领域进行详细调查，了解用户对数据与数据处理的需求，并分析需求。需求分析是数据库设计中其他阶段的基础，该阶段的结果是需求分析报告。

（2）概念结构设计

概念结构设计是对用户需求进行进一步抽象、归纳，并形成独立于具体 DBMS 和有关软、硬件的概念模型。这是对现实世界中具体数据的首次抽象，实现从现实世界到信息世界（也称为概念世界）的转换过程。概念结构设计通常用 E-R 模型（Entity-Relationship Model，实体-联系模型）来描述。

（3）逻辑结构设计

逻辑结构设计是将概念结构设计阶段形成的概念模型转换为某个 DBMS 所支持的数据模型，并进行优化的过程，实现从信息世界到机器世界（也称数据世界）的转换。关系数据库的逻辑结构由一组关系模式组成。

（4）物理结构设计

物理结构设计是为逻辑结构设计阶段所形成的数据模型选取一个适合应用环境的物理结构，包括存储结构和存取方法。物理结构设计与具体的硬件环境及所采用的 DBMS 密切相关。

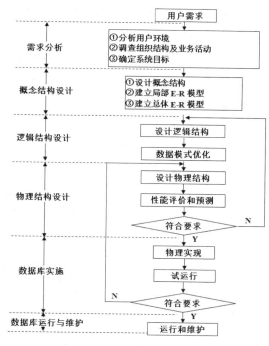

图 1-40　数据库设计步骤

（5）数据库实施

数据库实施是将前面各个阶段的设计结果借助 DBMS 与其他应用开发工具实现的过程，具体包括建立数据库结构、数据装载、编制与调试应用程序、试运行。数据库试运行的结果如果不满足最初的设计目标，就需要修改数据库设计，数据库试运行的结果满足设计目标便可正式投入使用。

（6）数据库运行与维护

数据库试运行合格后即可投入使用，进入运行与维护阶段。在运行过程中，需要对数据库设计不断进行评价、调整与修改等维护工作，以保证系统的运行性能与效率。

以下重点介绍数据库设计中的概念结构设计和逻辑结构设计。

1.3.3　概念结构设计

1. 概念结构设计概述

概念结构设计是将需求分析阶段得到的用户需求抽象为信息结构即概念模型的过程。

概念模型用于信息世界的建模，是现实世界到机器世界的一个中间层次，是数据库设计的有力工具，用于数据库设计人员和用户之间的交流。

概念模型独立于具体 DBMS 和计算机软、硬件结构，使设计者的注意力能够从现实世界的复杂细节中解脱出来，集中在重要的信息组织结构和处理模式上。

2. 概念模型——E-R模型

E-R图即实体-联系图，于1976年被提出，它在数据库设计领域得到了广泛的认可，提供了表现实体、属性和联系的方法。E-R模型是用来描述现实世界的概念模型，E-R模型的构成如表1-1所示。

表1-1　E-R模型的构成

符号	含义
▭	实体，一般是名词
⬭	属性，一般是名词
◇	联系，一般是动词，联系本身也可以有属性
——	用无向边将实体与属性、实体与联系相连接，并在实体与联系间的无向边旁标明联系的类型，如1或 n

实体间不同联系分为一对一、一对多、多对多，如图1-41所示。

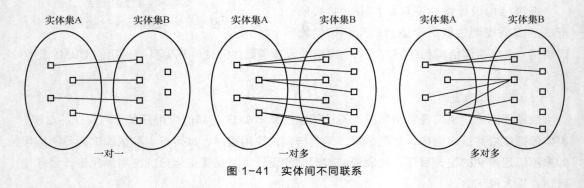

图1-41　实体间不同联系

【案例1-2】假设某学院有若干个系，每个系只有一个主任，则主任和系之间是一对一的联系，如图1-42所示。

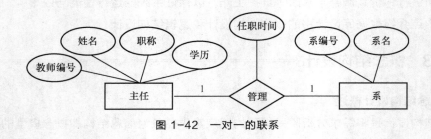

图1-42　一对一的联系

【案例1-3】在学生成绩管理系统中，一个学生属于一个班级，一个班级有多个学生，则学生和班级之间是一对多的联系，如图1-43所示。

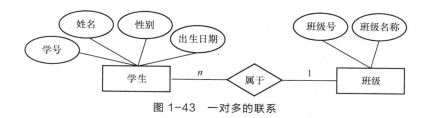

图 1-43　一对多的联系

【案例 1-4】在学生成绩管理系统中，一个学生可以选修多门课程，一门课程可以被多个学生选修，则学生和课程之间是多对多的联系，如图 1-44 所示。

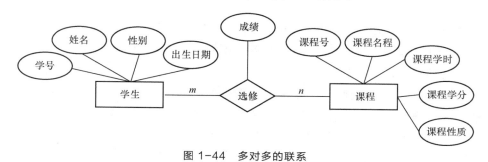

图 1-44　多对多的联系

小结：

① E-R 图简单、容易理解，能够真实反映用户需求。

② E-R 图与计算机无关，用户容易接受。

③ 遇到实际问题一般先设计一个 E-R 图，然后把 E-R 图转换成计算机能实现的数据模型——逻辑数据模型。

1.3.4　逻辑结构设计

1. 逻辑结构设计概述

逻辑结构设计是将概念结构设计阶段形成的概念模型（通常是 E-R 模型）转换为某个 DBMS 所支持的数据模型，这里主要讲 E-R 模型转换为关系模型。

逻辑结构设计实现的是从信息世界到机器世界的转换。

关系数据库的数据模型是关系模型，关系模型的逻辑结构由一组关系模式组成，如图 1-45 所示。

2. E-R 模型转换为关系模型

关系模型的优化通常以规范化理论为指导，有关规范化理论的内容大家可以参考本任务的知识拓展部分。

E-R 模型转换为关系模型的原则如下。

（1）实体类型的转换

- 一个实体类型转换为一个关系模式。
- 实体类型的属性转换为关系模式的属性。

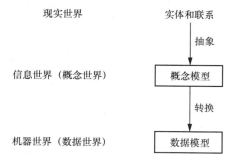

图 1-45　逻辑结构设计

- 实体类型的主键（即主码转换为关系模式的主键）。

（2）联系的转换

- 一对一联系：将一方的主键添加到另一方中。
- 一对多联系：将一方的主键添加到多方中。
- 多对多联系：将联系转换为一个关系模式，其属性由联系的属性以及双方实体的主键组成。

【案例1-5】将案例1-2中的一对一的联系转换为逻辑结构，结果如下。

系（系编号，系名）

主任（教师编号，姓名，职称，学历，系编号，任职时间）

【案例1-6】将案例1-3中的一对多的联系转换为逻辑结构，结果如下。

班级（班级号，班级名称）

学生（学号，姓名，性别，出生日期，班级号）

【案例1-7】将案例1-4中的多对多的联系转换为逻辑结构，结果如下。

学生（学号，姓名，性别，出生日期，课程号）

课程（课程号，课程名称，课程性质，课程学分，课程学时）

选修（学号，课程号，成绩）

1.3.5 任务实施

1. 设计学生成绩管理系统的 E-R 图

学生成绩管理系统在学校中是学生生活不可或缺的一部分，对于学校管理工作的进行也举足轻重。因此在信息化的今天，良好、合适的学生成绩管理系统能便于管理学生成绩。学生成绩管理系统中主要包括班级信息、学生信息、宿舍信息、教师信息、课程信息、教师信息、职称信息，以及学生的选课成绩。学生成绩管理系统的 E-R 图如图 1-46 所示。

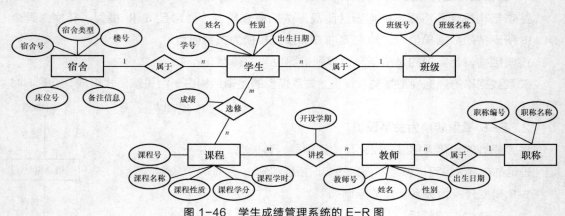

图 1-46　学生成绩管理系统的 E-R 图

2. 将学生成绩管理系统的 E-R 图转换为关系模型

班级（班级号，班级名称）

宿舍（宿舍号，宿舍类型，楼号，床位号，备注信息）

学生（学号，姓名，性别，出生日期，班级号，宿舍号）

课程（课程号，课程名称，课程性质，课程学分，课程学时）

选修（学号，课程号，成绩）

教师（教师号，姓名，性别，出生日期，职称编号）

职称（职称编号，职称名称）

讲授（教师号，课程号，开设学期）

【任务小结】

本任务主要介绍了为什么要设计数据库、数据库设计的基本步骤，重点讲解了概念结构设计（设计 E-R 图）和逻辑结构设计（如何将 E-R 图转换为关系模型），这是设计数据库的基础，希望读者根据案例理解相关内容并能够灵活运用。

1.3.6　知识拓展：数据库设计规范

为了避免数据库中出现数据冗余，数据插入、删除、更新操作异常等情况，数据库需要满足一定的规范化要求，这就是范式（Normal Form）。

根据要求的程度不同，范式有多种级别，常用的是第一范式（1NF）、第二范式（2NF）、第三范式（3NF）。

1. 第一范式

如果关系模式 R 中每个分量都是不可分的数据项，则称 R 属于第一范式，记为 R∈1NF。

设有关系模式 t_students(stuno,stuname, address(address,postcode))，如表 1-2 所示。t_students 不属于 1NF，因为 t_students 中存在 address(address,postcode) 复合属性。

表 1-2　关系模式 t_students

stuno	stuname	address	
		address	postcode
35092001021	张江涛	山东省济南市	250031
35092002010	刘婷婷	河北省石家庄市	050000
35092002023	林强	山西省太原市	030000

非 1NF 转换为 1NF 的方法如下。

将复合属性处理为简单属性。

t_students (stuno,stuname, address(address,postcode)) 可转换为 t_students (stuno,stuname, address) 或 t_students (stuno,stuname,address,postcode)。

注意：第一范式是对关系模式基本的要求。不满足第一范式的模式不能称为关系模式。

2. 第二范式

关系模式 t_students (stuno,stuname,courseno, coursename, score) 中每个分量都是不可分的数据项，说明 t_students∈1NF。但 t_students 中存在数据冗余度大、插入异常、更新异常、

删除异常等问题，如表 1-3 所示。

表 1-3　关系模式 t_students

stuno	stuname	courseno	coursename	score
35092001021	张江涛	07081903	C 语言程序设计基础	98
35092002010	刘婷婷	07081903	C 语言程序设计基础	85
35092002023	林强	07081903	C 语言程序设计基础	77
35092001021	张江涛	07081911	SQL Server 数据库	90
……	……	……	……	……

若关系模式 $R \in 1NF$，并且每一个非主属性都完全函数依赖于 R 的主键，则 $R \in 2NF$。

设 R(U)是属性集合 $U = \{A_1, A_2, \cdots, A_n\}$ 上的一个关系模式，X、Y 是 U 的两个子集，若对于 R(U)的任意一个可能的关系 r，r 中不可能存在两个元组在 X 上的属性值相等而在 Y 上的属性值不等，则称 X 函数确定 Y 或 Y 函数依赖于 X，记作 $X \to Y$。

在 t_students (stuno,stuname,courseno, coursename, score)中：

$stuno \to stuname$；

$courseno \to (coursename, score)$；

$(stuno, courseno) \to score$。

在关系模式 R(U)中，如果 $X \to Y$，并且对于 X 的任何一个真子集 X'，都有 $X' \to Y$，则称 Y 完全函数依赖于 X，记作 $X \underline{F} Y$。若 $X \to Y$，但 Y 不完全函数依赖于 X，则称 Y 部分函数依赖于 X，记作 $X \underline{P} Y$。

在 t_students (stuno,stuname,courseno, coursename, score)中：

$(stuno, courseno) \underline{F} Score$；

$(stuno, courseno) \underline{P} stuname$，因为 $stuno \to stuname$；

$(stuno, courseno) \underline{P} coursename$，因为 $courseno \to coursename$。

非 2NF 转换为 2NF 的方法如下。

分解关系模式，消除非主属性对主键的部分函数依赖。

在 t_students (stuno,stuname,courseno, coursename, score)中：

$t\_students \in 1NF$；

主键为(stuno, courseno)；

非主属性为{stuname, coursename, score}。

由于$(stuno, courseno) \underline{P} stuname$ 和$(stuno, courseno \underline{P} coursename)$，所以 $t\_students \notin 2NF$，存在数据冗余、插入/更新/删除异常等问题。

需要将 t_students 转换为 3 个关系模式，如表 1-4 ~ 表 1-6 所示。

3．第三范式

若关系模式 $R \in 2NF$，并且每一个非主属性都不传递函数依赖于 R 的主键，则 $R \in 3NF$。

表 1-4 关系模式 t_student

stuno	stuname
35092001021	张江涛
35092002010	刘婷婷
35092002023	林强
……	……

表 1-5 关系模式 t_course

courseno	coursename
07081903	C 语言程序设计基础
07081911	SQL Server 数据库
……	……

表 1-6 关系模式 t_score

stuno	courseno	score
35092001021	07081903	98
35092002010	07081903	85
35092002023	07081903	77
35092001021	07081911	90
……	……	……

在 t_students (stuno,stuname,class,tname)中，stuno→stuname，stuno→class，class→tname，stuno 传递 tname，即非主属性传递函数依赖于主键，如图 1-47 所示。

因此，t_students∈2NF，t_students∉3NF。

非 3NF 转换为 3NF 的方法如下。

分解关系模式，消除非主属性对主键的传递函数依赖。

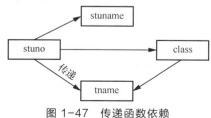

图 1-47 传递函数依赖

t_students 可以分解为以下 2 个关系模式，如表 1-7 和表 1-8 所示。

表 1-7 关系模式 t_student

stuno	stuname	class
35092001021	张江涛	20 软件技术 1 班
35092002010	刘婷婷	20 软件技术 2 班
35092002023	林强	20 软件技术 3 班
……	……	……

表 1-8　关系模式 t_class

class	tname
20 软件技术 1 班	赵平
20 软件技术 2 班	张鑫
20 软件技术 3 班	高硕

注意：

① 若关系模式 R∈3NF，则必有 R∈2NF，即 R 中的每一个非主属性既不部分函数依赖于 R 的主键，也不传递函数依赖于 R 的主键。

② 将关系模式分解为属于 3NF，在一定程度上能够解决原关系模式中的操作异常与数据冗余问题，但不能完全消除原关系模式中的操作异常与数据冗余问题。

项目总结

本项目结合实际的案例帮助读者体验数据库的作用，介绍了数据库的相关概念，比如数据、数据库、数据库管理系统、数据库系统、数据库管理员和用户，也介绍了 MySQL 的安装与配置、登录 MySQL 服务器等操作，最后还详细介绍了如何设计数据库。

项目实战

1.请同学们在天猫或者唯品会购物平台注册账号，完成购买商品的整个流程，体验各个购物平台的不同，思考购物车、订单中的信息如何存储，都需要哪些数据库、数据表。

2.请同学们在自己的计算机上完成 MySQL 环境的搭建，启动、停止 MySQL 服务，登录 MySQL 服务器。

3.安装图形化管理工具 SQLyog，练习 SQLyog 的使用方法。

4.完成网上订餐系统的 E-R 图设计，并将 E-R 图转换为关系模型。

习题训练

一、选择题

1. 一个数据库最多可以创建的数据表个数是（　　　　）。

A. 1 个

B. 2 个

C. 1 个或 2 个

D. 多个

2. 下列选项中，属于 MySQL 用于放置日志文件和数据库文件的目录是（　　　　）。

A. bin 目录

B. data 目录

C. include 目录

D. lib 目录

3. 下列关于在命令提示符窗口停止 MySQL 服务的命令中，正确的是（   ）。

    A．stop net mysql   B．service stop mysql

    C．net stop mysql   D．service mysql stop

4. （多选）下面选项中，属于关系数据库产品的是（   ）。

    A．Oracle   B．SQL Server

    C．MongoDB   D．MySQL

5. 设计数据库时，首先应该设计（   ）。

    A．数据库的概念结构   B．DBMS 结构

    C．数据库应用系统结构   D．数据库的控制结构

6. 反映现实世界中实体及实体间联系的数据模型是（   ）。

    A．关系模型   B．层次模型

    C．网状模型   D．E-R 模型

7. 在数据库设计中，设计 E-R 图是数据库设计的（   ）。

    A．需求分析阶段   B．概念结构设计阶段

    C．逻辑结构设计阶段   D．物理结构设计阶段

8. 在书店的"销售"表中，定义了书号、作者、出版社、价格等属性，其主键应是（   ）。

    A．书号   B．作者

    C．出版社   D．书号、作者

9. 关系模型（   ）。

    A．只能表示实体间的 1∶1 联系   B．只能表示实体间的 1∶n 联系

    C．只能表示实体间的 m∶n 联系   D．可以表示实体间的上述 3 种联系

10. 假设一位读者可借阅多本书，一本书可借给多位读者，则读者与书之间是（   ）。

    A．一对一的联系   B．一对多的联系

    C．多对一的联系   D．多对多的联系

11. 在数据库的 E-R 图中，菱形表达的是（   ）。

    A．属性   B．实体

    C．实体之间的联系   D．实体与属性之间的联系

12. 从 E-R 模型向关系模型转换时，一个 1∶1 联系转换为关系模式时，下面选项正确的是（   ）。

    A．任意一方增加对方实体的主键及联系的属性

    B．任意一方都不增加对方实体的主键及联系的属性

    C．在属性多的一方增加对方实体的主键及联系的属性

    D．以上都不对

13. 从 E-R 模型向关系模型转换时，一个 1∶n 联系转换为关系模式时，下面选项正确的是（   ）。

    A．在 n 端加入 1 端实体的主键及联系的属性

  B．在 1 端加入 n 端实体的主键及联系的属性

  C．在双方各加入对方实体的主键及联系的属性

  D．以上都不对

14．从 E-R 模型向关系模型转换时，一个 $m:n$ 联系转换为关系模式时，该关系模式的码是（   ）。

  A．m 端实体的码

  B．n 端实体的码

  C．m 端实体的码与 n 端实体的码的组合

  D．重新选取的其他属性

二、判断题

1．在 Windows 系统下配置 MySQL 服务器默认使用的用户是 root 用户。（   ）

2．MySQL 现在是 Oracle 公司的产品。（ ）

3．登录 MySQL 服务器，只能通过 DOS 命令提示符窗口登录。（   ）

4．可以通过 MySQL 的客户端登录 MySQL，登录时输入登录密码即可。（   ）

5．MySQL 是一种介于关系数据库和非关系数据库之间的产品。（   ）

6．在 MySQL 安装目录中，bin 目录用于放置一些可执行文件。（   ）

7．在 DOS 中启动 MySQL 服务的命令是 net start mysql。（   ）

8．数据库设计中，设计 E-R 图是数据库设计的概念结构设计阶段。（   ）

三、简答题

1．简述数据库的特点。

2．简述数据库和数据库系统的异同。

3．简述数据库设计的基本步骤。

4．简述将 E-R 模型转换为关系模型的原则。

项目2
管理学生成绩管理系统数据库

02

项目描述

　　学生成绩信息化管理是学校信息化管理的重要组成部分，学生成绩管理系统数据库具有班级、学生、教师、课程、教师任课、学生选课、成绩等相关信息的存储与管理功能。要实现学生成绩管理系统数据库的设计与操作，我们首先要进行数据库的创建，以便将来存储各种数据。

　　本项目分为创建数据库和操作数据库两个任务，通过对创建和操作数据库的学习，学生可提高管理数据库的实战能力；通过对数据库实际应用的分析，学生可培养精益求精的工匠精神，提高在职业岗位中管理数据库的技能水平。

学习目标

知识目标
① 掌握数据库的创建方法。
② 掌握数据库的查看方法。
③ 掌握数据库的选择方法。
④ 掌握数据库的修改方法。
⑤ 掌握数据库的删除方法。

技能目标
① 能够利用 SQLyog 界面操作进行数据库的创建、查看、选择、修改及删除操作。
② 能够利用 SQL 语句进行数据库的创建、查看、选择、修改及删除操作。

素养目标
① 提高正确认识问题、分析问题和解决问题的能力。
② 培养探索未知、追求真理、勇攀科学高峰的责任感和使命感。

任务 2.1 创建和查看数据库

【任务描述】

在 MySQL 数据库中完成创建数据库的操作，并进行创建数据库时的相关选项设置，包括"基字符集"和"数据库排序规则"。

V2-1 管理数据库

【任务分析】

在学生成绩管理系统中，数据库有两类，一类是功能比较简单的数据库，我们可以通过图形化管理工具 SQLyog 的界面操作实现；另一类是功能比较复杂的数据库，我们可以通过 SQL 语句实现。

2.1.1 数据库创建的两种方式

MySQL 安装完成后，选择安装了图形化管理工具 SQLyog 作为客户端工具，因此创建数据库可以采用两种方式进行，一种是通过客户端工具 SQLyog 界面操作进行，另一种是在 SQLyog 的查询窗口中利用 SQL 语句进行。

利用客户端工具 SQLyog 界面操作创建数据库，由于 SQLyog 采用图形化界面设计，操作直观，能轻松进行创建数据库的操作，有利于初学者快速上手。但客户端工具 SQLyog 界面操作效率低，因此我们通常会选择使用 SQL 语句创建数据库。SQL 语句的功能强大，在动态网站项目开发过程中至关重要，是数据库开发人员首选的数据库创建方式。

2.1.2 创建数据库

创建数据库就是在数据库系统中划分一块存储数据的空间。MySQL 服务器允许同时创建多个数据库，用于存储不同的数据。

1. 利用 SQLyog 界面操作创建数据库

利用 SQLyog 界面操作创建数据库的具体步骤如下。

启动 MySQL 客户端工具 SQLyog，右击"root@localhost"，选择"创建数据库"命令，在弹出的"创建数据库"对话框的"数据库名称"文本框中输入数据库名称，从"基字符集"右侧的下拉列表中选择要设置的基字符集，从"数据库排序规则"右侧的下拉列表中选择要设置的数据库排序规则，单击"创建"按钮，即可完成数据库的创建。

2. 使用 SQL 语句创建数据库

使用 SQL 语句创建数据库的基本语法格式如下：

```
CREATE DATABASE [IF NOT EXISTS] <数据库名>
[[DEFAULT] CHARACTER SET <基字符集名>]
[[DEFAULT] COLLATE <排序规则名>]
```

语法说明如下。

① 数据库名：要创建的数据库的名称。数据库名要满足标识符命名规则，可以是由字母、数字和下画线组成的任意字符串，但不能以数字开头，命名时尽量做到"见名知意"。注意在 MySQL 中不区分大小写。

② IF NOT EXISTS：在创建数据库之前进行判断，只有在该数据库尚不存在时才能执行创建操作。此选项可以用来避免数据库已经存在而重复创建的错误。

③ [DEFAULT] CHARACTER SET：指定数据库的基字符集。指定基字符集的目的是避免在数据库中存储的数据出现乱码的情况。如果在创建数据库时不指定基字符集，将使用系统的默认基字符集。

④ [DEFAULT] COLLATE：指定基字符集的默认排序规则。

⑤ 为了提高代码的可读性，在编写 SQL 语句时建议使用注释符进行必要的解释说明。MySQL 的注释符有 3 种。第一种为"#"，表示单行注释，语法为"#注释内容"；第二种为"--"，表示单行注释，语法为"-- 注释内容"；第三种为"/**/"，表示多行注释，语法为"/*注释内容*/"。

【案例 2-1】创建一个名称为"stumandb2"的数据库，代码如下：

```
CREATE DATABASE stumandb2;
```

执行代码后，数据库创建成功，如图 2-1 所示。

若再次执行建库的代码，因为存在同名的数据库 stumandb2，所以建库失败，如图 2-2 所示。

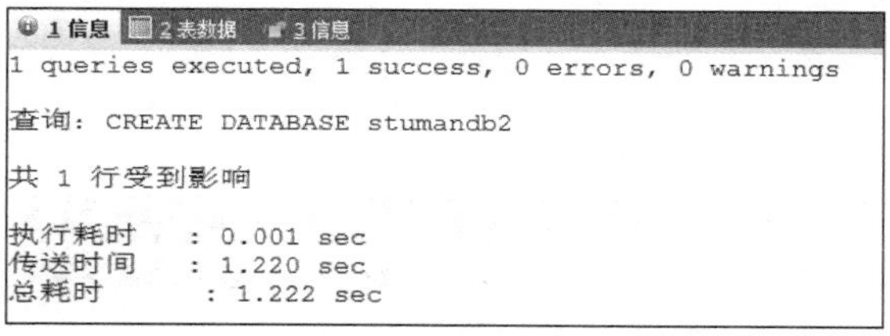

图 2-1　创建数据库成功提示结果

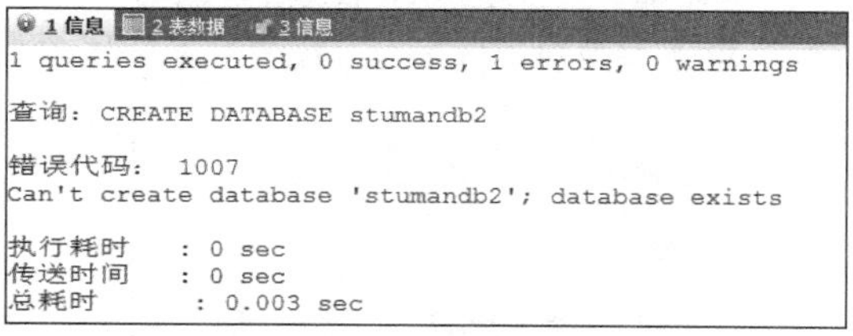

图 2-2　创建数据库失败提示结果

为了避免创建数据库时的重名错误，在建库时建议大家加入 IF NOT EXISTS。创建 stumandb2 数据库的完整代码如下：

```
CREATE DATABASE IF NOT EXISTS stumandb2;
```

【案例 2-2】创建一个名称为"stumandb3"的数据库，指定其基字符集为"gb2312"，排序规则为"gb2312_bin"，代码如下：

```
CREATE DATABASE IF NOT EXISTS stumandb3 CHARACTER SET =gb2312 COLLATE=gb2312_bin;
#或
CREATE DATABASE IF NOT EXISTS stumandb3 CHARACTER SET gb2312 COLLATE gb2312_bin;
```

执行结果与图 2-2 类似，请大家自行测试。

2.1.3　查看数据库

查看已创建的数据库有以下两种方式。

1. 使用 SQLyog 界面操作查看数据库

启动 MySQL 客户端工具 SQLyog，在 root@localhost 下会显示所有的系统数据库和用户自定义数据库，选中要查看详情的数据库名称并右击，在弹出的快捷菜单中选择"改变数据库"命令，即可通过"改变数据库"对话框查看创建数据库时的选项设置。

2. 使用 SQL 语句查看数据库

① 通过 SQL 语句查看当前用户权限范围内的数据库，其语法格式如下：

```
SHOW DATABASES [LIKE '数据库名'];
```

语法说明如下。

- LIKE 关键字是可选项，用于匹配指定的数据库名。
- LIKE 关键字可以完全匹配，也可以部分匹配。当进行部分匹配时，常使用通配符%或_，其中%代表任意多个字符，而_代表单个字符。
- 数据库名由单引号' '标注。

【案例 2-3】查看当前服务器下的所有数据库，代码如下：

```
SHOW DATABASES;
```

执行代码后，显示结果如图 2-3 所示。

【案例 2-4】查看当前服务器下的数据库名包含"stumandb"的数据库，代码如下：

```
SHOW DATABASES LIKE '%stumandb%';
```

执行代码后，显示结果如图 2-4 所示。

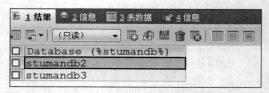

图 2-3 查看当前服务器下所有数据库显示结果　　图 2-4 使用 LIKE 关键字查看数据库显示结果

② 对已存在的数据库，我们也可以通过 SQL 语句查看创建数据库的语句，其语法格式如下：

```
SHOW CREATE DATABASE '数据库名';
```

【案例 2-5】查看创建 stumandb 数据库的 SQL 语句，代码如下：

```
SHOW CREATE DATABASE stumandb2;
```

执行代码后，显示结果如图 2-5 所示。

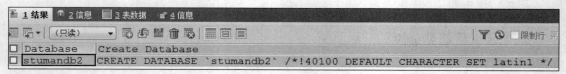

图 2-5 查看创建数据库的 SQL 语句显示结果

2.1.4 任务实施

1. 利用 SQLyog 界面操作创建数据库

为学生成绩管理系统创建名为"stumandb"的数据库，其"基字符集"和"数据库排序规则"均采用默认值。

① 启动 MySQL 客户端工具 SQLyog，右击"root@localhost"，选择"创建数据库"命令，如图 2-6 所示。

② 在"创建数据库"对话框的"数据库名称"文本框中输入"stumandb"，其他选项选择默认值，单击"创建"按钮，完成数据库的创建，如图 2-7 和图 2-8 所示。

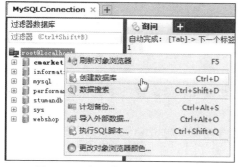

图 2-6 选择"创建数据库"命令

图 2-7 "创建数据库"对话框

2. 利用 SQLyog 界面操作查看数据库

完成数据库的创建后，我们使用 SQLyog 界面操作查看数据库及其属性，其步骤如下。

① 启动 MySQL 客户端工具 SQLyog，在 root@localhost 下会显示所有系统数据库和用户自定义数据库，如图 2-9 所示。

图 2-8 创建完成的数据库界面

图 2-9 查看当前服务器下所有数据库显示结果

② 选中"stumandb"，右击，选择"改变数据库"命令，如图 2-10 所示。

③ 从弹出的"改变数据库"对话框中可以看到创建数据库时的选项设置，如图 2-11 所示。

创建数据库时，默认"基字符集"为"latin1"，默认"数据库排序规则"为"latin1_swedish_ci"，单击"取消"按钮，结束查看数据库的操作。

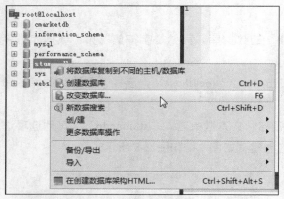

图 2-10　选择"改变数据库"命令　　　　图 2-11　"改变数据库"对话框

3．利用 SQL 语句创建数据库

为学生成绩管理系统创建名为"stumandb1"的数据库，设置其"基字符集"为"utf8"，"数据库排序规则"为"utf8_bin"，参考代码如下：

```
CREATE DATABASE IF NOT EXISTS stumandb1 CHARACTER SET utf8 COLLATE utf8_bin;
```

4．使用 SQL 语句查看数据库

数据库创建完成后，还可以通过 SQL 语句查看当前服务器下的所有数据库，参考代码如下：

```
SHOW DATABASES;
```

查看当前服务器下所有数据库的 SQL 语句执行成功后，显示结果如图 2-12 所示。

图 2-12　查看当前服务器下所有数据库显示结果

【任务小结】

通过本任务我们完成了创建数据库的学习，同时学习了基字符集和排序规则等知识，为使用、修改和删除数据库奠定了基础。

2.1.5　知识拓展：字符集和排序规则

1．字符集和排序规则

字符集是一套符号和编码，排序规则（Collation）是在字符集内用于比较字符的一套规则。

MySQL 服务器可以支持多种字符集，在同一台服务器、同一个数据库，甚至同一个表的不同字段，都可以使用不同的字符集。相比 Oracle 等其他数据库管理系统在同一个数据库只能使用相同的字符集，MySQL 的字符集灵活性更强。每种字符集都可能有多种排序规则，并且都有一个默认的排序规则，每种排序规则只针对某个字符集，和其他的字符集无关。

在 MySQL 中，字符集和编码方案被看作同义词，一个字符集是一个转换表和一个编码方案的组合。Unicode（统一码）是一种在计算机上使用的字符编码。Unicode 是为了解决传统的字符编码方案的局限而产生的，它为每种语言中的每个字符设定了统一并且唯一的二进制编码，以满足跨语言、跨平台进行文本转换、处理的要求。Unicode 存在不同的编码方案，包括 UTF-8、UTF-16 和 UTF-32。UTF 是 Unicode Transformation Format（Unicode 转换格式）的缩写。

2. 查看 MySQL 字符集相关操作

（1）查看 MySQL 服务器支持的字符集

```
SHOW CHARACTER SET;
```

（2）查看与字符集相关的信息

```
SELECT
    character_set_name,# 字符集名
    default_collate_name, # 默认排序规则名
    description, # 描述
    maxlen # 单个字符最大占用字节数
FROM
    information_schema.character_sets;
```

（3）查看字符集的排序规则

```
#查看 MySQL 服务器支持的排序规则
SHOW COLLATION;
#查看特定排序规则
SHOW COLLATION LIKE '%utf8%';
SELECT * FROM information_schema.collations WHERE collation_name LIKE 'utf8%';
```

（4）查看当前数据库的字符集

```
SHOW VARIABLES LIKE 'character%';
```

执行代码后，显示结果如图 2-13 所示。

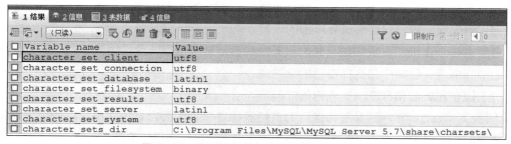

图 2-13　查看当前数据库的字符集显示结果

查看当前数据库的字符集显示结果说明如下。

① character_set_client：客户端请求数据的字符集。

② character_set_connection：客户端和服务器连接的字符集。

③ character_set_database：默认数据库的字符集，无论默认数据库如何改变，都使用这个字符集；如果没有默认数据库，则使用 character_set_server 指定的字符集，这个变量建议由系统自己管理，不要人为定义。

④ character_set_filesystem：把操作系统上的文件名转换为此字符集，即把 character_set_client 转换为 character_set_filesystem，默认二进制文件是不进行任何转换的。

⑤ character_set_results：结果集，返回给客户端的字符集。

⑥ character_set_server：数据库服务器的默认字符集。

⑦ character_set_system：系统字符集，其值总是 utf8，不需要设置。这个字符集用于数据库对象（如表和列）的名字，也用于存储在目录表中函数的名字。

⑧ character_sets_dir：这个变量是字符集安装的目录。

（5）查看当前数据库的排序规则

```
SHOW VARIABLES LIKE 'collation%';
```

执行代码后，显示结果如图 2-14 所示。

查看当前数据库的排序规则显示结果说明如下。

① collation_connection：当前连接的字符集的排列规则。

图 2-14　查看当前数据库的排序规则显示结果

② collation_database：当前数据库的默认排序规则。每次用 USE 语句跳转到另一个数据库的时候，这个变量的值就会改变。如果没有当前数据库，这个变量的值就是 collation_server 变量的值。

③ collation_server：服务器的默认排序规则。

3. MySQL 字符集的设置

MySQL 字符集设置分为两类：一类是创建对象的默认值，另一类是控制服务器和客户端交互通信的配置。

（1）创建对象的默认值

字符集和排序规则有 4 个级别的默认设置，分别是服务器级别、数据库级别、表级别、列级别，更低级别的设置会集成高级别的设置。

这里有一个通用的设置方法：先为服务器或者数据库选择一个合适的字符集，然后根据不同的实际情况，让某个列选择自己的字符集。

（2）控制服务器和客户端交互通信的配置

大部分 MySQL 客户端都不具备同时支持多种字符集的能力，每次都只能使用一种字符集。客户端和服务器之间的字符集转换是由以下几个 MySQL 系统变量控制的。

① character_set_server：MySQL 服务器默认字符集。

② character_set_database：数据库默认字符集。

③ character_set_client：MySQL 服务器假定客户端发送的查询请求使用的字符集。

④ character_set_connection：MySQL 服务器接收客户端发送的查询请求后，将其转换为 character_set_connection 变量指定的字符集。

⑤ character_set_results：MySQL 服务器把结果集和错误信息转换为 character_set_results 指定的字符集，并发送给客户端。

⑥ character_set_system：系统元数据（字段名等）使用的字符集。

除此之外，还有以 collation_ 开头的同上述变量对应的变量，用来描述字符集的排序规则。注意事项如下。

① my.cnf 配置文件中的 default_character_set 设置只影响执行 mysql 命令连接服务器时的连接字符集，不会对使用 libmysqlclient 库的应用程序产生任何影响。

② 对字段进行的 SQL 函数操作通常都是以内部操作字符集进行的，不受连接字符集设置的影响。

③ SQL 语句中的裸字符串会受到连接字符集或 introducer 设置的影响，比较之类的操作可能产生完全不同的结果。

（3）默认情况下字符集选择规则

字符集是一个字节数据的解释的符号集合，有大小之分，有相互的包容关系。数据库字符集设置与应用系统系统字符集设置不匹配时，系统显示数据库数据时会出现乱码。下面是默认情况下字符集选择规则。

① 编译 MySQL 时，数据库指定了一个默认的 character_set_server，这个字符集是 latin1。

② 安装 MySQL 时，可以在 my.cnf 配置文件中指定一个默认的字符集，如果没指定，则继承编译时指定的 latin1。

③ 启动 MySQL 时，可以在命令参数中指定一个默认的字符集，如果没指定，则继承 my.cnf 配置文件中的配置。此时 character_set_server 被设定为默认的字符集，如果创建数据库时没有修改默认选项，则 character_set_server 取值为 latin1。

④ 当创建一个新的数据库时，除非明确指定，否则这个数据库的字符集被默认设定为 character_set_server。

⑤ 当选定一个数据库时，character_set_database 被设定为这个数据库默认的字符集。

⑥ 在数据库里创建一张表时，表默认的字符集被设定为 character_set_database，也就是这个数据库默认的字符集。

⑦ 当在表内设置一栏时，除非明确指定，否则此栏默认的字符集就是表默认的字符集。

任务 2.2 操作数据库

【任务描述】

进一步分析学生成绩管理系统的需求，对已经创建好的数据库 stumandb 进行修改、完善，以便更加合理地存储数据。

【任务分析】

将学生成绩管理系统需求进一步细化，查看已经创建好的数据库 stumandb，并根据需求进一步修改数据库，对一些多余的数据库进行删除，完成对数据库的优化设计。

2.2.1 使用数据库

数据库创建完成后，要确保后期的建表操作在指定数据库下进行，就必须通过"使用数据库"转向要进行操作的数据库，为建表做好准备。使用数据库的操作方式有两种，一种是通过启动 MySQL 客户端工具 SQLyog，在工具栏中的"选择数据库"下拉框中选择要使用的数据库；另一种是使用 SQL 语句使用数据库，其代码如下：

```
USE 数据库名;
```

2.2.2 修改数据库

数据库一旦创建完成，在 SQLyog 的界面操作下，数据库的名称是不允许修改的，但是"基字符集"和"数据库排序规则"可以重新设置。修改数据库同样也有两种方式，一种是启动 MySQL 客户端工具 SQLyog，选中数据库，右击，选择"改变数据库"命令，在弹出的"改变数据库"对话框中对"基字符集"和"数据库排序规则"进行修改，然后单击"改变"按钮，最后弹出"数据库成功改变"提示信息则表示修改成功；另一种是使用 SQL 语句来修改数据库，其语法格式如下：

```
ALTER DATABASE [数据库名] {
[ DEFAULT ] CHARACTER SET <基字符集名> |
[ DEFAULT ] COLLATE <排序规则名>}
```

语法说明如下。

① ALTER DATABASE：用于修改数据库的全局特性。

② 使用 ALTER DATABASE 需要获得数据库的 ALTER 权限。

③ 数据库名称可以省略，此时该语句对应默认数据库。

④ CHARACTER SET：用于修改数据库的基字符集。

⑤ COLLATE：用于修改数据库的排序规则。

2.2.3 删除数据库

一旦数据库失去存在的价值，就可以对其进行删除操作，以释放数据库占用的系统存储空间，其基本语法格式如下：

```
DROP DATABASE [ IF EXISTS ] <数据库名>
```

语法说明如下。

① 数据库名：指定要删除的数据库名。

② IF EXISTS：用于防止当数据库不存在时发生错误。

③ DROP DATABASE：删除数据库中的所有表格并同时删除数据库。使用此语句时要非常小心，以免错误删除有用的数据库。使用 DROP DATABASE 需要获得数据库的 DROP 权限。

注意：

① MySQL 安装后，系统会自动创建名为"information_schema"和"mysql"的两个系统数据库，系统数据库用于存放一些和数据库相关的信息，如果删除了这两个数据库，MySQL 将不能正常工作。

② 在删除数据库过程中，务必十分谨慎，因为在执行删除命令后，所有数据将会消失。

【案例 2-6】删除名称为"stumandb2"和"stumandb3"的数据库，代码如下：

```
DROP DATABASE IF EXISTS stumandb2;
DROP DATABASE IF EXISTS stumandb3;
```

执行代码后，名称为"stumandb2"和"stumandb3"的数据库被成功删除。

注意：删除数据库时，一次只能删除一个，因此如果需要删除多个数据库，则需要多次执行 DROP DATABASE 语句。此外，为了防止删除数据库过程中，因为数据库不存在而导致的删除错误，建议加入 IF EXISTS 进行判断。

2.2.4　任务实施

1．使用数据库

要使用已创建好的数据库，可通过 SQLyog 界面进行操作，其步骤如下。

启动 MySQL 客户端工具 SQLyog，在工具栏中的"选择数据库"下拉框中选择"stumandb"选项，即可完成使用或打开 stumandb 的操作，如图 2-15 所示。

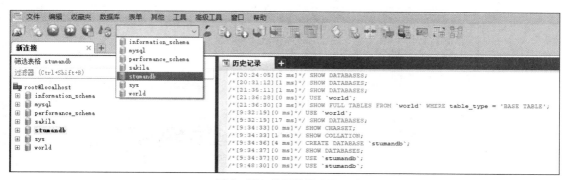

图 2-15　使用数据库界面

我们也可以利用 SQL 语句使用当前 stumandb 数据库，其代码如下：

```
USE stumandb;
```

2．修改数据库

在任务 2.1 中创建的 stumandb 数据库，其"基字符集"和"数据库排序规则"均为默认值，根据实际需求分析，需要将"基字符集"修改为"utf8"，将"数据库排序规则"修改为"utf8_bin"。本任务中我们使用 SQLyog 界面操作，修改数据库的操作步骤如下。

① 启动 MySQL 客户端工具 SQLyog，选中"stumandb"，右击，选择"改变数据库"命令。

② 在弹出的"改变数据库"对话框中将"基字符集"修改为"utf8"，将"数据库排序规则"修改为"utf8_bin"，如图 2-16 所示。

③ 单击"改变"按钮，弹出"数据库成功改变"提示信息，这表示修改数据库的操作成功，如图 2-17 所示。

图 2-16　"改变数据库"对话框

图 2-17　数据库成功改变

我们也可以使用 SQL 语句对 stumandb 数据库进行修改，达到相同效果，代码如下：

```
ALTER DATABASE stumandb CHARACTER SET utf8 COLLATE utf8_bin;
```

3．删除数据库

数据库 stumandb 修改完成后，其功能和数据库 stumandb1 相似，为避免重复，造成存储空间浪费，在此将 stumandb1 数据库删除。使用 SQLyog 界面操作删除 stumandb1 数据库，其操作步骤如下。

启动 MySQL 客户端工具 SQLyog，选中"stumandb1"，右击，选择"更多数据库操作"子菜单中的"删除数据库"命令，如图 2-18 所示。

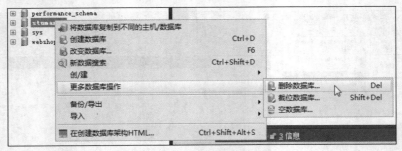

图 2-18　"删除数据库"命令

我们也可以使用 SQL 语句删除 stumandb1 数据库，达到相同效果，其代码如下：

```
DROP DATABASE IF EXISTS stumandb1;
```

【任务小结】

我们在任务 2.1 的基础上，完成了使用、修改和删除数据库的常见操作，对管理数据库进行了系统的学习。

2.2.5　知识拓展：MySQL 密码丢失解决方案

长时间不登录 MySQL，可能会遗忘 MySQL 的密码，我们可以通过命令修改 MySQL 密码。这里我们介绍使用 SET PASSWORD 命令来修改密码。

SET PASSWORD 命令的语法格式如下：

```
SET PASSWORD FOR 用户名@localhost = PASSWORD('新密码');
```

【案例 2-7】将 root@localhost 的密码修改为"123"，代码如下：

```
SET PASSWORD FOR root@localhost = PASSWORD('123');
```

在实际应用中还有其他多种方法可以实现 MySQL 密码的修改，请同学们自行学习，这里不赘述。

项目总结

本项目首先根据学生成绩管理系统的需求分析进行数据库的创建和查看，结合实际需求，对数据库进行使用、修改和删除等优化设计与操作。

项目实战

围绕网上订餐系统数据库（qnlineordsysdb）完成如下操作。

1. 创建名称为"onlineordsysdb"的数据库，并设置其基字符集为"gbk"，排序规则为"gbk_chinese_ci"。

2. 修改 onlineordsysdb 数据库，将其基字符集修改为"utf8"，排序规则为"utf8_bin"。

3. 查看当前服务器下的数据库。

4. 查看 onlineordsysdb 数据库的信息。

5. 选择 onlineordsysdb 数据库。

6. 删除 onlineordsysdb 数据库。

习题训练

一、选择题

1. 创建数据库使用（   ）。

    A．CREATE DATABASE 数据库名

    B．ALTER DATABASE 数据库名

    C．DROP DATABASE 数据库名

    D．DESC DATABASE 数据库名

2. 我们可以在创建数据库时加入（   ），以防止建库时因为同名数据库的存在导致代码报错。

    A．IF EXISTS   B．IF NOT EXISTS

    C．IF EXIST   D．IF NOT EXIST

3．查看指定数据库的创建信息的语句是（　　　　）。

　　A．SHOW DATABASES；

　　B．USE 数据库名；

　　C．SHOW CREATE DATABASE 数据库名；

　　D．SHOW CREATE DATABASES 数据库名；

4．为了避免用户自定义的名称与系统关键字或保留字冲突，可以将自定义名称放到（　　　）中解决。

　　A．反引号``　　　　　　　　　　　B．单引号''

　　C．双引号""　　　　　　　　　　　D．括号()

5．以下关于 MySQL 注释符描述正确的是（　　　　）。

　　A．"--"用于单行注释　　　　　　　B．"#"用于单行注释

　　C．"/*…*/"用于单行注释　　　　　　D．"/*…*/"用于多行注释

二、简答题

1．MySQL 安装后，默认创建的数据库有哪几个？

2．数据库的基字符集和排序规则的作用是什么？

3．列举几个常见的基字符集及其相应的排序规则。

项目3
管理学生成绩管理系统数据表

03

项目描述

在项目 2 中我们完成了对学生成绩管理系统数据库的管理，本项目旨在通过创建和管理班级、学生、教师、课程、教师任课以及学生选课、成绩等数据表，为后续记录的管理做好准备。

本项目分为创建数据表和管理数据表两个任务。通过对创建数据表的学习，学生可提高设计数据表的能力；通过对数据表实际应用的分析，反复修改和完善数据表结构，学生可培养精益求精的工匠精神，提升在职业岗位中管理数据表的技能水平。

学习目标

知识目标
① 掌握常用数据类型的使用方法。
② 掌握数据表的创建方法。
③ 掌握数据表的查看方法。
④ 掌握数据表的修改方法。
⑤ 掌握数据表的删除方法。
⑥ 熟练掌握设计数据表的方法。

技能目标
① 能够利用 SQLyog 界面操作进行数据表的创建、查看、修改及删除操作。
② 能够利用 SQL 语句进行数据表的创建、查看、修改及删除操作。

素养目标
① 具备良好的科学、人文素养和职业道德修养，具有社会责任感，积极服务国家和社会。
② 具备较强的环境适应、交流沟通和团队合作能力。
③ 提高在多元社会环境下的协调、组织或管理能力。

任务 3.1 创建数据表

【任务描述】

根据数据库设计阶段生成的 E-R 图，利用图形化管理工具 SQLyog 进行数据表的创建。

V3-1 创建和
查看数据表

【任务分析】

在 stumandb 数据库创建完成后，我们通过数据表来划分数据库的存储空间。在数据库设计阶段，我们完成了对 stumandb 数据库的设计，本任务将参照"附录 A 学生成绩管理系统数据库说明"完成相关数据表的创建，为后续记录的管理做好准备。在学生成绩管理系统中，数据表有两类，一类是功能比较简单的数据表，我们可以通过图形化管理工具 SQLyog 界面操作实现；另一类是表结构比较复杂的数据表，我们可以通过 SQL 语句实现。

3.1.1 使用 SQLyog 界面操作创建数据表

使用 SQLyog 界面操作创建数据表的基本步骤是：启动 MySQL 客户端工具 SQLyog，单击数据库前面的加号图标，展开后选择"表"，右击，选择"创建表"命令，弹出"新表"操作界面，参照数据表的设计结构，设置表名、相关字段和表选项，最后单击"保存"按钮，完成数据表的创建。

3.1.2 使用 SQL 语句创建数据表

在 MySQL 中，可以使用 CREATE TABLE 语句创建表。其语法格式如下：

```
CREATE TABLE <表名>(
<列名> <数据类型> [列级完整性约束定义]
{, <列名> <数据类型> [列级完整性约束定义]...}
[,表级完整性约束定义]
) [表选项];
#或
CREATE TABLE <表名> ([表定义选项]) [表选项];
```

其中，表定义选项的语法格式为：

```
<列名 1> <数据类型 1> [,...] <列名 n> <数据类型 n>
```

CREATE TABLE 语句的主要语法及使用说明如下。

① CREATE TABLE：用于创建给定名称的表，必须拥有表的 CREATE 权限。

② 表名：指定要创建的表的名称，在 CREATE TABLE 之后给出，必须符合标识符命名规则。

③ 表定义选项：表的定义，由列名、数据类型和列级完整性约束定义或表级完整性约束定义等组成。

④ 默认情况下，表会被创建到当前数据库中。若表已存在、没有当前数据库或者数据库

不存在，则会出现错误。

提示：使用 CREATE TABLE 语句创建表时，必须指定以下信息。

① 创建的表的名称，不区分大小写，不能使用 SQL 中的关键字，如 DROP、ALTER、INSERT 等。

② 数据表中每个列（字段）的名称和数据类型，如果创建多个列，要使用逗号隔开。

【案例 3-1】创建一个名称为"t_tea"的数据表，存储引擎为"INNODB"，基字符集为"utf8"，排序规则为"utf8_bin"，代码如下：

```
CREATE TABLE IF NOT EXISTS t_tea(
    t_no CHAR(10) PRIMARY KEY COMMENT '教师编号',
    t_name VARCHAR(20) NOT NULL COMMENT '教师姓名',
    t_birth DATETIME COMMENT '教师出生日期',
    t_teatime INT COMMENT '教师工龄'
) ENGINE=INNODB CHARACTER SET=utf8 COLLATE=utf8_bin;
```

3.1.3 MySQL 中的数据类型

在使用 CREATE TABLE 语句创建表的过程中，我们要为每一列指定一种数据类型，下面我们详细介绍 MySQL 中的数据类型。

V3-2 数据类型

数据类型是数据的一种属性，它能够决定数据的存储格式，定义列可以存储的数据种类，代表不同的信息类型。合理选择数据类型是设计良好数据库的必要条件。

数据类型能够限制存储在列中的数据种类，如防止在数值类型字段中录入字符串类型值。数据类型还能帮助正确地排列数据。因此，在创建表时必须为每一列设置合理的数据类型。MySQL 支持多种数据类型，大致可以分为 3 类：数值类型、日期和时间类型与字符串类型。

1. 数值类型

MySQL 支持所有标准 SQL 数值类型。数值类型包括整数类型和小数类型。整数类型包括 TINYINT、SMALLINT、MEDIUMINT、INT 或 INTEGER、BIGINT。小数类型包括浮点型 FLOAT 和 DOUBLE，以及定点型 DECIMAL。

数值类型数据包括正数和负数，我们把正数称为无符号数，在数据类型后加上 UNSIGNED 关键字来标识；负数称为有符号数，MySQL 在处理有符号数时，将其最高位作为符号位，0 表示正，1 表示负，其他位表示数值。

（1）整数类型

MySQL 整数类型用于保存整数，根据数据类型所分配的字节大小，可以确定其取值范围。表 3-1 显示了各整数类型的存储值和取值范围。

表 3-1　整数类型

数据类型	字节大小	有符号的取值范围	无符号的取值范围	存储值
TINYINT	1	(-128，127)	(0，255)	小整数值
SMALLINT	2	(-32768，32767)	(0，65535)	大整数值

续表

数据类型	字节大小	有符号的取值范围	无符号的取值范围	存储值
MEDIUMINT	3	(−8388608，8388607)	(0，16777215)	大整数值
INT 或 INTEGER	4	(−2147483648，2147483647)	(0，4294967295)	大整数值
BIGINT	8	(−9223372036854775808，9223372036854775807)	(0，18446744073709551615)	极大整数值

以 TINYINT 类型为例，由分配的 1 字节来计算其取值范围。

如果是无符号数，TINYINT 类型数据的最小值为 0，最大值为 2^8-1，即 255，因此无符号 TINYINT 类型的取值范围为（0，255）。如果是有符号数，最小值为$-(2^7-1)$，即-127，最大值为 2^7-1，即 127，为了将补码与数字一一对应，在计算机中规定 0 用+0 表示，"−0"的补码规定为-128，因此有符号 TINYINT 类型的取值范围为（−128，127）。

此外，在 MySQL 中还引入了显示宽度和 0 填充（ZEROFILL）的概念。显示宽度是指所存储值的最大显示宽度，对于有符号数，符号位也占据一个宽度。如 128 显示宽度为 3，−128 显示宽度为 4。0 填充是指将宽度不够的数值在其前面用 0 填充后显示，如有符号 TINYINT 类型的数值 8，因其默认显示宽度为 4，所以设置 0 填充后其显示为 0008。

提示：这里特别强调，显示宽度和取值范围没有任何关系。数值的位数若小于显示宽度，则直接显示；如果超过显示宽度，则显示实际数值，显示宽度不影响显示结果。

为了掌握整数类型的使用方法，我们使用案例演示具体使用方法。使用整数类型时，我们可以利用关键字 INT 或 INTEGER，一般使用 INT。

【案例 3-2】使用 TINYINT 和 INT 两种数据类型创建表 t_integer，并通过插入和查看记录测试 TINYINT 和 INT 类型的使用。

① 创建 t_integer 表。

```
CREATE TABLE IF NOT EXISTS t_integer(
    testcol1 INT,
    testcol2 TINYINT
)CHARSET=utf8;
```

② 插入记录，测试 TINYINT 和 INT 类型的取值范围。

```
INSERT INTO t_integer VALUES(1,0);      -- 记录插入成功
INSERT INTO t_integer VALUES(2,-128);   -- 记录插入成功
INSERT INTO t_integer VALUES(3,127);    -- 记录插入成功
INSERT INTO t_integer VALUES(4,128);    -- 记录插入失败
```

③ 查看、分析测试结果。

测试结果如图 3-1 所示。由于有符号 TINYINT 类型的取值范围为（−128，127），128 超出了该取值范围，因此第 4 条记录插入失败。

④ 创建 t_integer1 表。

```
CREATE TABLE IF NOT EXISTS t_integer1(
    testcol1 INT
    testcol2 TINYINT(2) UNSIGNED ZEROFILL,   -- 设置 0 填充，显示宽度为 2
)CHARACTER SET=utf8;
```

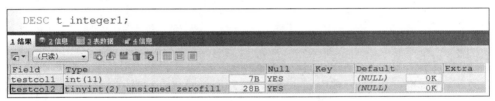

```
 3  ⊟CREATE TABLE IF NOT EXISTS t_integer(
 4         testcol1 INT,
 5         testcol2 TINYINT
 6   )CHARSET=utf8;
 7
 8    INSERT INTO t_integer VALUES(1,0);      -- 记录插入成功
 9    INSERT INTO t_integer VALUES(2,-128);   -- 记录插入成功
10    INSERT INTO t_integer VALUES(3,127);    -- 记录插入成功
11    INSERT INTO t_integer VALUES(4,128);    -- 记录插入失败
12
```

● 1 信息   ▣ 2 表数据   ✔ 3 信息

1 queries executed, 0 success, 1 errors, 0 warnings

查询: INSERT INTO t_integer VALUES(4,128)

错误代码: 1264
Out of range value for column 'testcol2' at row 1

执行耗时   : 0 sec
传送时间   : 0 sec
总耗时   : 0 sec

图 3-1　整数类型测试结果

⑤ 查看 t_integer1 表结构，代码如下，结果如图 3-2 所示。

```
DESC t_integer1;
```

DESC t_integer1;

1 结果   ● 2 信息   ▣ 3 表数据   ✔ 4 信息

Field	Type		Null	Key	Default		Extra
testcol1	int(11)	7B	YES		(NULL)	0K	
testcol2	tinyint(2) unsigned zerofill	28B	YES		(NULL)	0K	

图 3-2　查看 t_integer1 表结构

可以看到，TINYINT 类型的显示宽度为 2。

⑥ 插入记录，查看测试结果。

```
INSERT INTO t_integer1 VALUES(8,1);
INSERT INTO t_integer1 VALUES(255,2);
SELECT * FROM t_integer1;
```

插入两条测试记录，查看测试结果，如图 3-3 所示。第一条记录中 testcol1 取值为 8，小于显示宽度，由于设置了 0 填充，所以显示为 08。第二条记录中 testcol1 取值为 255，超过

显示宽度，以实际值显示。这证明记录能否插入表中，取决于字段的数据类型的取值范围，与显示宽度无任何关系。

（2）小数类型

MySQL 小数类型用于保存小数，根据数据类型所分配的字节大小，可以确定其取值范围。表 3-2 显示了各小数类型的存储值和取值范围。

图 3-3　查看表中记录

小数类型中，浮点型（即 FLOAT 和 DOUBLE 类型）存在误差。下面以 FLOAT 类型为例演示浮点型存在误差的情况。

表 3-2　小数类型

数据类型	字节大小	有符号的取值范围	无符号的取值范围	存储值
FLOAT	4	(−3.402823466E+38， −1.175494351E−38)	0，(1.175494351E−38， 3.402823466E+38)	单精度 浮点数值
DOUBLE	8	(−1.7976931348623157E+308， −2.2250738585072014E−308)	0， (2.2250738585072014E−308， 1.7976931348623157E+308)	双精度 浮点数值
DECIMAL	对于 DECIMAL(M,D)， 如果 M>D，则为 M+2，否则为 D+2	依赖于 M 和 D 的值	依赖于 M 和 D 的值	小数值

【案例 3-3】使用 FLOAT 类型创建表 t_float，并通过插入和查看记录测试 FLOAT 类型的使用。

① 创建 t_float 表。

```
CREATE TABLE IF NOT EXISTS t_float(
    testcol1, INT
    testcol2 FLOAT,
    testcol3 FLOAT
)CHARSET=utf8;
```

② 插入记录，测试浮点型数据的存储情况。

```
INSERT INTO t_float VALUES(1,12.123,12.3452343267);
INSERT INTO t_float VALUES(2,0.234,12.23456);
```

③ 查看插入表中的记录，如图 3-4 所示。

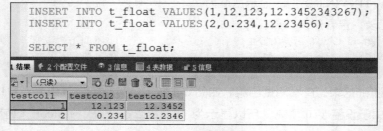

图 3-4　查看表中记录

记录在插入时，超出精度的数值按照"银行家舍入法"进行了四舍六入五留双。

④ 测试误差的存在。

将表中记录的值作为条件查找记录，代码如下：

```
SELECT * FROM t_float WHERE testcol2=12.123;
SELECT * FROM t_float WHERE testcol3=12.2346;
```

我们发现并没有满足条件的记录，这说明 FLOAT 类型存在误差。继续测试，代码如下：

```
SELECT * FROM t_float WHERE ABS(testcol3-12.2346)<0.0001;
```

执行上述代码后，显示结果如图 3-5 所示。

通过测试我们可以得出结论，浮点型数据在存储时存在误差。因此对精确度要求比较高的应用，如货币等，不建议使用浮点数来保存数据。

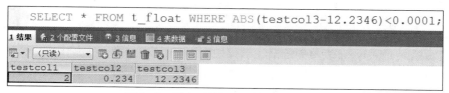

图 3-5　浮点型数据存在误差测试结果

使用同样的方法可以测试定点型数据不存在误差，具体测试过程这里不再赘述。

2. 日期和时间类型

MySQL 在存储日期和时间类型的值时，提供了 5 种不同的数据类型以满足用户的需求，包括 YEAR 类型、DATE 类型、TIME 类型、DATETIME 类型和 TIMESTAMP 类型。表 3-3 显示了各日期和时间类型的存储值和取值范围。

使用日期和时间类型的值时，需要将其放到单引号或双引号中，但是 MySQL 中存在一种叫作 ANSI_QUOTES 的模式，开启后会把双引号当作反引号``，所以建议使用单引号。

表 3-3　日期和时间类型

数据类型	字节大小	取值范围	格式	存储值
YEAR	1	'1901'—'2155'	YYYY	年份值
DATE	3	'1000-01-01'—'9999-12-31'	YYYY-MM-DD	日期值
TIME	3	'-838:59:59'—'838:59:59'	HH:MM:SS	时间值或持续时间
DATETIME	8	'1000-01-01 00:00:00'—'9999-12-31 23:59:59'	YYYY-MM-DD HH:MM:SS	混合日期和时间值
TIMESTAMP	4	'1970-01-01 00:00:00'—'2038-01-19 03:14:07'	YYYYMMDD HHMMSS	混合日期和时间值，时间戳

类型说明如下。

（1）YEAR 类型

YEAR 类型用来存储年份，格式为 YYYY，可以使用 3 种方法来表示，具体如下。

方法 1：使用 4 位数字表示，如'1998'。

方法 2：使用 00～69 的两位数字表示以 20 开始的年份，如'21'代表 2021 年。

方法 3：使用 70～99 的两位数字表示以 19 开始的年份，如'98'代表 1998 年。

提示：建议采用第一种方法来表示 YEAR 类型的值。

【案例 3-4】使用 YEAR 类型创建表 t_testyear，并通过插入和查看记录测试 YEAR 类型的使用。

① 创建名为"t_testyear"的表，使用 YEAR 类型。

```
CREATE TABLE IF NOT EXISTS t_testyear(
    col1 INT,
    col2 YEAR
)CHARACTER SET=utf8;
```

② 插入记录，测试 MySQL 对使用不同方法表示的 YEAR 类型的值的处理机制。

```
INSERT INTO t_testyear VALUES(1,'1998');
INSERT INTO t_testyear VALUES(2,'21');
INSERT INTO t_testyear VALUES(3,'98');
```

③ 查看插入 t_testyear 表中的记录，结果如图 3-6 所示。

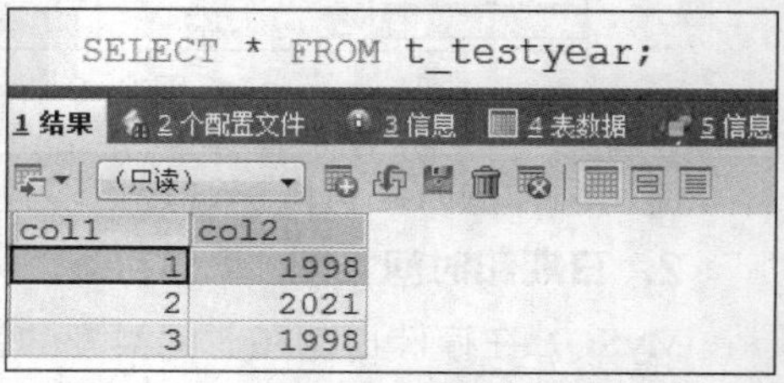

由图 3-6 我们可以看到，'1998'直接作为时间字段值插入表中，'21'插入时转换成了'2021'，'98'插入时转换成了'1998'。

（2）DATE 类型

DATE 类型用来存储日期值，可以使用 3 种方法来表示，具体如下。

方法 1：使用 YYYY-MM-DD 或 YYYYMMDD 字符串格式表示，其中 YYYY 表示年份，MM 表示月份，DD 表示日，如'2022-05-31'或'20220531'表示的日期都是"2022-05-31"。

方法 2：使用 YY-MM-DD 或 YYMMDD 字符串格式表示，YY 表示年，YY 取值范围为 00~99。其中当 YY 取值为 00~69 时会被转换为 2000~2069，当 YY 取值为 70~99 时会被转换为 1970~1999。

方法 3：使用 CURRENT_DATE 或者 NOW()获取当前系统日期。

提示：建议采用第一种方法来表示 DATE 类型的值，此外日期中的分隔符"-"还可以使用"."，","，"/"等符号替换。

【案例 3-5】使用 DATE 类型创建表 t_testdate，并通过插入和查看记录测试 DATE 类型的使用。

① 创建名为"t_testdate"的表，使用 DATE 类型。

```
CREATE TABLE IF NOT EXISTS t_testdate(
    col1 INT,
    col2 DATE
)CHARSET=utf8;
```

② 插入记录，测试 MySQL 对使用不同方法表示的 DATE 类型的值的处理机制。

```
INSERT INTO t_testDate VALUES(1,'2022-05-31');
INSERT INTO t_testDate VALUES(2,'160110');
INSERT INTO t_testDate VALUES(3,'750110');
INSERT INTO t_testDate VALUES(4,NOW());
```

③ 查看插入 T_TestDate 表中的记录，结果如图 3-7 所示。

由图 3-7 我们可以看到，'160110'作为日期字段值插入表中时，'16'转换成了'2016'；'750110'作为日期字段值插入表中时，'75'转换成了'1975'。

（3）TIME 类型

TIME 类型用来存储时间，格式为 HH:MM:

图 3-6　查看 YEAR 类型显示结果

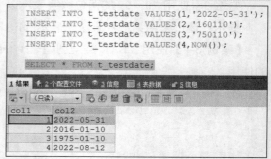

图 3-7　查看 DATE 类型显示结果

SS，其中 HH 表示小时，MM 表示分钟，SS 表示秒，可以使用 3 种方法来表示，具体如下。

方法 1：使用 HHMMSS 表示，如'101258'，等价于'10:12:58'。

方法 2：使用 D HH:MM:SS 表示，其中 D 表示日，等价于'(D*24+HH):MM:SS'，如'3 10:12:58'等价于'(3×24+10):12:58'，即'82:12:58'；

方法 3：使用 CURRENT_TIME 或者 NOW( )获取当前系统时间。

【案例 3-6】使用 TIME 类型创建表 t_testtime，并通过插入和查看记录测试 TIME 类型的使用。

① 创建名为"t_testtime"的表，使用 TIME 类型。

```
CREATE TABLE IF NOT EXISTS t_testtime(
    col1 INT,
    col2 TIME
)CHARSET=utf8;
```

② 插入记录，测试 MySQL 对使用不同方法表示的 TIME 类型的值的处理机制。

```
INSERT INTO t_testtime VALUES(1,'18:06:15');
INSERT INTO t_testtime VALUES(2,'3 10:12:58');  -- 3×24+10=82
INSERT INTO t_testtime VALUES(3,CURRENT_TIME);
```

③ 查看插入 t_testtime 表中的记录，结果如图 3-8 所示。

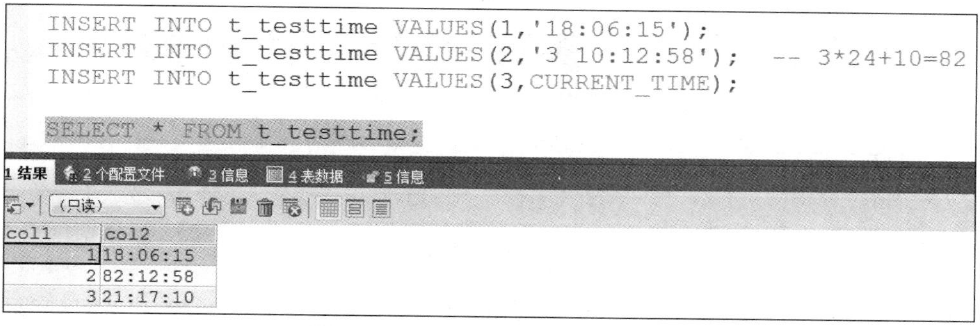

图 3-8　查看 TIME 类型显示结果

由图 3-8 我们可以看到，'18:06:15'直接插入表中，'3 10:12:58'要通过 3×24+10 转换成 82 后作为小时插入表中。

（4）DATETIME 类型

DATETIME 类型用来存储日期和时间，格式为 YYYY-MM-DD HH:MM:SS，可以使用 3 种方法来表示，具体如下。

方法 1：使用 YYYY-MM-DD HH:MM:SS 格式表示，如'2010-03-30 101258'。

方法 2：使用 YYYYMMDDHHMMSS 格式表示，如'20100330101258'，系统会自动将其转换成'2010-03-30 101258'。

方法 3：使用 YY-MM-DD HH:MM:SS 或 YYMMDDHHMMSS 格式表示，年份的处理方式与 DATE 类型的一样，如果 YY 取值为 00～69 则表示以 20 开始的年份，如'21'代表 2021 年；如果 YY 取值为 70～99 则表示以 19 开始的年份，如'98'代表 1998 年。如'100330101258'，系统会自动将其转换成'2010-03-30 101258'。

提示：建议采用第一种方法来表示 DATETIME 类型的值。

【案例 3-7】使用 DATETIME 类型创建表 t_testdatetime，并通过插入和查看记录测试 DATETIME 类型的使用。

① 创建名为"t_testdatetime"的表，使用 DATETIME 类型。

```
CREATE TABLE IF NOT EXISTS t_testdatetime(
    col1 INT,
    col2 DATETIME
)CHARSET=utf8;
```

② 插入记录，测试 MySQL 对使用不同方法表示的 DATETIME 类型的值的处理机制。

```
INSERT INTO t_testdatetime VALUES(1,'2021-08-09 18:06:15');
INSERT INTO t_testdatetime VALUES(2,'20201112091428');
INSERT INTO t_testdatetime VALUES(3,'201112091428');
INSERT INTO t_testdatetime VALUES(4,'891112091428');
```

③ 查看插入 t_testdatetime 表中的记录，结果如图 3-9 所示。

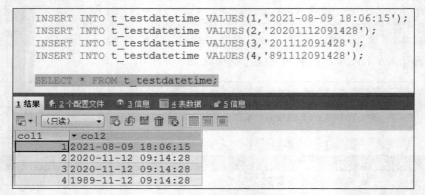

图 3-9　查看 DATETIME 类型显示结果

由图 3-9 我们可以看到，'2021-08-09 18:06:15'直接插入表中，'20201112091428'转换成'2020-11-12 09:14:28'后插入表中，'201112091428'转换成'2020-11-12 09:14:28'后插入表中，'891112091428'转换成'1989-11-12 09:14:28'后插入表中。

（5）TIMESTAMP 类型

TIMESTAMP 类型又称为时间戳类型，用来存储日期和时间，格式和用法与 DATETIME 类型的一样，这里不赘述。TIMESTAMP 类型主要有两大方面的作用：一是执行插入记录操作时，TIMESTAMP 类型字段包含 DEFAULT CURRENT_TIMESTAMP，若未指定具体时间数据，则将该 TIMESTAMP 类型字段的值设置为当前数据库管理系统所在服务器时间；二是执行更新记录操作时，TIMESTAMP 类型字段包含 ON UPDATE CURRENT_TIMESTAMP，若更新记录时未指定具体时间数据，则将该 TIMESTAMP 类型字段的值设置为当前数据库管理系统所在服务器时间。

【案例 3-8】使用 TIMESTAMP 类型创建表 t_testtimestamp，并通过插入和查看记录测试 TIMESTAMP 类型的使用。

① 创建名为"t_testtimestamp"的表，使用 TIMESTAMP 类型。

```
CREATE TABLE IF NOT EXISTS t_testtimestamp(
    col1 INT,
    col2 TIMESTAMP
)CHARACTER SET=utf8;
```

② 插入记录，测试 MySQL 对 TIMESTAMP 类型的值的处理机制。

```
INSERT INTO t_testtimestamp(col1) VALUES(1);
INSERT INTO t_testtimestamp VALUES(2,'20201112091428');
```

③ 查看插入 t_testtimestamp 表中的记录，结果如图 3-10 所示。

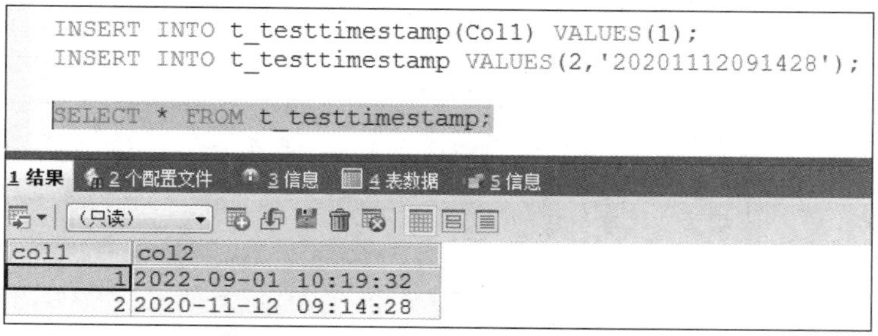

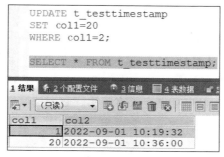

图 3-10　查看 TIMESTAMP 类型显示结果

由图 3-10 我们可以看到，插入的第一条记录只给了 col2 字段的值，由于 col1 字段为 TIMESTAMP 类型，系统采用当前数据库管理系统所在的服务器的时间作为 col1 字段的值。

④ 对表进行修改操作。

```
UPDATE t_testtimestamp
SET col1=20
WHERE col1=2;
```

查看修改后的 t_testtimestamp 表中的记录，结果如图 3-11 所示。

图 3-11　查看修改后的 t_testtimestamp 表中记录显示结果

由图 3-11 我们可以看到，虽然仅对 col2 字段的值为 2 的记录进行修改操作，但当前记录中的 col1 字段的值也发生了改变，改变为当前数据库管理系统所在的服务器的时间。

3. 字符串类型

MySQL 字符串类型包括 CHAR、VARCHAR、TINYBLOB、TINYTEXT、BLOB、TEXT、MEDIUMBLOB、MEDIUMTEXT、LONGBLOB、LONGTEXT、BINARY、VARBINARY、ENUM 和 SET 等类型。表 3-4 显示了各字符串类型的含义。

表 3-4　字符串类型的含义

数据类型	含　义
CHAR	定长字符串
VARCHAR	变长字符串
TINYBLOB	不超过 255 个字符的二进制字符串
TINYTEXT	短文本字符串
BLOB	二进制形式的长文本字符串
TEXT	长文本字符串
MEDIUMBLOB	二进制形式的中等长度文本字符串
MEDIUMTEXT	中等长度文本字符串
LONGBLOB	二进制形式的极大文本字符串
LONGTEXT	极大文本字符串
BINARY	固定长度的二进制字符串
VARBINARY	可变长度的二进制字符串
ENUM	枚举类型
SET	集合

（1）CHAR 和 VARCHAR 类型

CHAR 和 VARCHAR 类型的格式为 CHAR(M)和 VARCHAR(M)，在创建时指定最大长度为 M，M 代表字符的个数，并不代表字节大小，如 CHAR(30)指定数据类型为 CHAR 类型，最大长度为 30，代表最多可以存储 30 个字符。

CHAR 和 VARCHAR 类型类似，但它们存储的方式不同。它们的最大长度与是否保留尾部空格有关，CHAR 类型在存储的时候会截断尾部空格，VARCHAR 类型会保留尾部空格。

CHAR 和 VARCHAR 类型的区别是，CHAR(M)不管实际字符应该占用多少空间都会占用 M 个字符的空间，而 VARCHAR(M)只会占用实际字符应该占用的空间加 1，并且实际空间加 1≤M。此外 CHAR 类型的字节大小上限为 255 字节，VARCHAR 类型的字节大小上限为 65535 字节。总之，CHAR 类型存储定长字符串，查询速度快，存在空间浪费的可能，会处理尾部空格；VARCHAR 类型存储变长字符串，查询速度慢，不会浪费空间，不处理尾部空格。

我们通过表 3-5 来对比 CHAR 和 VARCHAR 类型所占用的存储空间。

表 3-5　CHAR 和 VARCHAR 类型存储对比

值	CHAR(4)	存储空间	VARCHAR(4)	存储空间
''	''	4 字节	''	1 字节
'ab'	'ab'	4 字节	'ab'	3 字节
'abcd'	'abcd'	4 字节	'abcd'	5 字节
'abcdefgh'	'abcd'	4 字节	'abcd'	5 字节

下面我们通过案例 3-9 演示 CHAR 和 VARCHAR 类型的使用。

【案例 3-9】使用 CHAR 和 VARCHAR 类型创建表 t_testcharvarchar，并通过插入和查看记录测试 CHAR 和 VARCHAR 类型的使用。

① 使用 CHAR 和 VARCHAR 类型创建表 t_testcharvarchar，并测试 CHAR 和 VARCHAR 类型的使用。

```
CREATE TABLE IF NOT EXISTS t_testcharvarchar(
    col1 CHAR(10),
    col2 VARCHAR(10)
)CHARACTER SET=utf8;
```

② 插入记录，测试 MySQL 对 CHAR 和 VARCHAR 类型的处理机制。

```
INSERT INTO t_testcharvarchar VALUES('String1   ','String2   ');  -- 向每个字
符串后加入 3 个空格
```

③ 查看插入 t_testcharvarchar 表中的记录，结果如图 3-12 所示。

图 3-12　查看 CHAR 和 VARCHAR 类型显示结果

我们可以看到 t_testcharvarchar 表中插入了字符串 String1 和 String2。继续对表中的字符串进行长度测试，结果如图 3-13 所示。

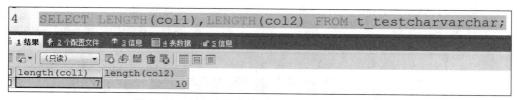

图 3-13　对表中的字符串进行长度测试显示结果

我们可以看到 t_testcharvarchar 表中字符串 String1 和 String2 的长度分别是 7 和 10，这证明 CHAR 类型在插入时去掉了尾部空格，而 VARCHAR 类型在插入时保留了尾部空格。

（2）TEXT 类型

TEXT 类型是个类型系列，一般分为 TINYTEXT、TEXT、MEDIUMTEXT 和 LONGTEXT 4 种，用于存储非二进制字符串，主要用来存储大文本数据，如文章内容、论坛帖子、评论和留言等。

TEXT 类型存储变长文本数据，查询速度慢，不会浪费空间，不处理尾部空格，字节大小上限为 65535 字节，会用额外空间存储数据长度，故可以使用全部 65535 字节存储数据。对于 TEXT 类型的列，插入数据时 MySQL 不会对它进行填充，并且执行 SELECT 语句时不会删除任何末尾的字符。

按照查询速度比对，CHAR 类型最快，VARCHAR 类型次之，TEXT 类型最慢。

（3）ENUM 类型

ENUM 类型又称枚举型，其格式为 ENUM('值 1','值 2','值 3',...'值 *n*')。ENUM 类型的数据只能从枚举列表中取，并且只能取一个。

枚举列表可以把一些不重复的字符串存储成一个预定义的集合。MySQL 在存储枚举列表时非常紧凑，会根据枚举列表中值的数量将其压缩到一或者两字节中。MySQL 在内部会将每个值在枚举列表中的位置保存为整数，并且在表的.frm 文件中保存具有形如"数字-字符串"映射关系的"查找表"。

【案例 3-10】使用 ENUM 类型创建表 t_testenum，并通过插入和查看记录测试 ENUM 类型的使用。

① 创建名为"t_testenum"的表，使用 ENUM 类型设置 col2 字段。

```
CREATE TABLE IF NOT EXISTS t_testenum (
    col1 INT,
    col2 ENUM('男','女','保密')
)CHARACTER SET=utf8;
```

② 插入记录，设置 col2 字段的值为"男"、"女"或"保密"。

```
INSERT INTO t_testenum VALUES (1,'男'),(2,'女'),(3,'保密');
```

③ 查看插入 t_testenum 表中的记录，结果如图 3-14 所示。

我们可以看到 t_testenum 表中插入了 3 条记录，其中字段 col2 的值都来自枚举列表。继续插入非枚举列表内的值"Male"进行测试，显示结果如图 3-15 所示。

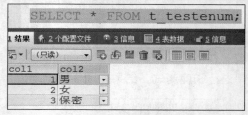

图 3-14　查看 ENUM 类型显示结果

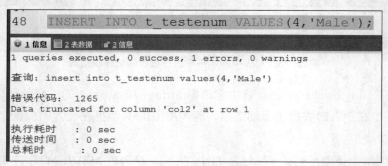

图 3-15　查看 ENUM 类型使用非法值的错误显示结果

我们可以看到向 t_testenum 表中插入记录时，如果使用了 ENUM 类型，则插入的值只能从枚举列表中取，否则会导致插入失败。

（4）SET 类型

SET 类型用于保存字符串对象，其格式为 SET('值 1','值 2','值 3',...,'值 *n*')，SET 类型最多有 64 个值。与 ENUM 类型不同的是，SET 类型可以有 0 个或多个值，这些值来自创建表时规定的一列值。SET 类型可以从值列表中选择 0 到多个值，多个值之间用逗号 ","隔开，因此 SET 类型的值本身不能包含逗号。当创建表时，SET 类型的值的尾部空格将自动被删除。

【案例 3-11】使用 SET 类型创建表 t_testset，并通过插入和查看记录测试 SET 类型的使用。

① 创建名为"t_testset"的表，使用 SET 类型设置 col2 字段。

```
CREATE TABLE IF NOT EXISTS t_testset(
    col1 INT,
    col2 SET('reading','play','sing')
);
```

② 插入记录，设置 col2 字段的值为值列表中的所有组合情况。

```
INSERT INTO t_testset VALUES (1,''),
                             (2,'reading'),
                             (3,'play'),
                             (4,'sing'),
                             (5,'reading,play'),
                             (6,'reading,sing'),
                             (7,'play,sing'),
                             (8,'reading,play,sing');
```

③ 查看插入 t_testset 表中的记录，结果如图 3-16 所示。

我们可以看到 t_testset 表中插入了 8 条记录，其中字段 col2 的值包含该 SET 类型的值列表中的所有组合情况。

图 3-16　查看 SET 类型显示结果

（5）BINARY 和 VARBINARY 类型

BINARY 和 VARBINARY 类型类似 CHAR 和 VARCHAR 类型，其格式为 BINARY(M)和 VARBINARY(M)。不同的是 BINARY 和 VARBINARY 类型包含二进制字符串而不能是非二进制字符串，也就是说，它们包含字节字符串而不是字符字符串。

与 CHAR 和 VARCHAR 类型类似，BINARY 和 VARBINARY 类型允许的最大长度一样，不同的是 BINARY 和 VARBINARY 类型的长度是字节长度而不是字符长度。BINARY 类型长度是固定的，如果数据长度不足最大长度，将在数据后面用 "\0" 补齐，最终达到指定长度。

【案例 3-12】使用 BINARY 和 VARBINARY 类型创建表 t_testbinaryvarbinary，并测试 BINARY 和 VARBINARY 类型的使用。

① 创建名为"t_testbinaryvarbinary"的表，使用 BINARY 和 VARBINARY 类型设置 col2 字段。

```
CREATE TABLE IF NOT EXISTS t_testbinaryvarbinary (
    col1 INT,
    col2 BINARY(5),
    col3 VARBINARY(5)
);
```

② 插入记录，测试 MySQL 对 BINARY 和 VARBINARY 类型的值的处理机制。

```
INSERT INTO t_testbinaryvarbinary VALUES (1,'Str1 ','Str2');
```

③ 查看插入 t_testbinaryvarbinary 表中的记录，结果如图 3-17 所示。

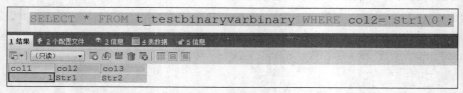

图 3-17　查看 BINARY 类型条件查询显示结果

我们可以看到 t_testbinaryvarbinary 表中插入的记录。要特别注意的是，在使用条件查询时，如果直接将 col2='Str1'作为查询条件，则显示结果为空记录集，由于"Str1"后有一个空格，因此查询条件必须加入"\0"作为填充符。

④ 继续查看表中记录，验证 BINARY 和 VARBINARY 类型区分大小写，结果如图 3-18 和图 3-19 所示。

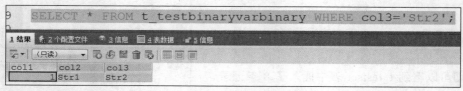

图 3-18　查看 BINARY 和 VARBINARY 类型区分大小写显示结果

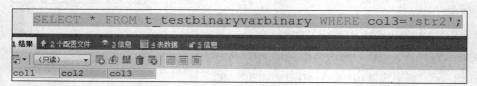

图 3-19　验证 BINARY 和 VARBINARY 类型区分大小写显示结果

我们由图 3-18 和图 3-19 可以看出，当我们把 col3='Str2'作为条件进行查询时，显示结果为空记录集，这证明 BINARY 和 VARBINARY 类型区分大小写。

（6）BLOB 类型

BLOB 类型是个类型系列，用于保存数据量比较大的二进制数据，如图片、PDF 文档等。在 MySQL 中 BLOB 类型包括 TINYBLOB、BLOB、MEDIUMBLOB 和 LONGBLOB 这 4 种具体类型。其中 TINYBLOB 类型最大能容纳 255B 的数据，BLOB 类型最大能容纳 65KB 的数据，MEDIUMBLOB 类型最大能容纳 16MB 的数据，LONGBLOB 类型最大能容纳 4GB 的数据。

在实际使用中，我们可以根据具体需求进行类型选择，但是如果 BLOB 类型的文件过大的话，会导致数据库的性能很差。BLOB 类型也区分大小写。

3.1.4　任务实施

1. 创建学生成绩管理系统中的班级表 t_class

参照"附录 A　学生成绩管理系统数据库说明"，使用 SQLyog 界面操作创建学生成绩管理系统中的班级表 t_class，具体步骤如下。

① 启动 MySQL 客户端工具 SQLyog，单击数据库"stumandb"前的加号图标，展开数据库，如图 3-20 所示。展开后选择"表"，右击，选择"创建表"命令，如图 3-21 所示。

图 3-20　展开数据库

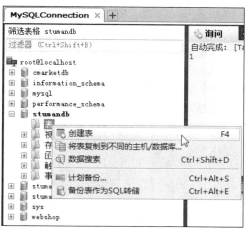

图 3-21　选择"创建表"命令

② SQLyog 右侧出现"新表"操作界面，参照"附录 A　学生成绩管理系统数据库说明"中 t_class 表的结构，完成表名、相关字段和表选项的设置，如图 3-22 所示。单击"保存"按钮，完成 t_class 表的创建。

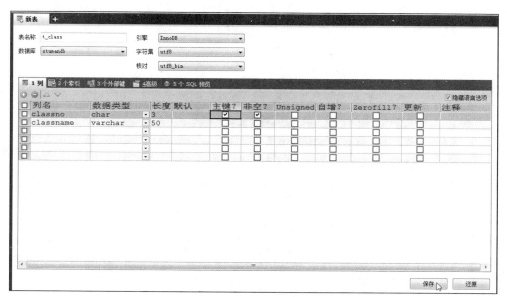

图 3-22　"新表"操作界面

2. 创建学生成绩管理系统中的其他数据表

参照"附录 A　学生成绩管理系统数据库说明"，使用 SQL 语句创建学生成绩管理系统中的学生宿舍信息表 t_dorm、学生信息表 t_students、职称信息表 t_profetitle、教师信息表

t_teachers、课程信息表 t_course、教师授课信息表 t_tealecture、成绩信息表 t_score 等数据表。

① 创建学生宿舍信息表 t_dorm，代码如下：

```
CREATE TABLE IF NOT EXISTS t_dorm(
    d_id CHAR(4) PRIMARY KEY  NOT NULL COMMENT '宿舍号',
    d_type VARCHAR(20) NOT NULL COMMENT '宿舍类型',
    d_buildnum INT NOT NULL COMMENT '楼号',
    d_bednum INT NOT NULL COMMENT '床位数',
    d_remark VARCHAR(50) COMMENT '备注信息'
)ENGINE=INNODB CHARACTER SET=utf8 COLLATE=utf8_bin;
```

② 创建学生信息表 t_students，代码如下：

```
CREATE TABLE IF NOT EXISTS t_students(
    stuno CHAR(11) NOT NULL COMMENT '学号' PRIMARY KEY,
    stuname VARCHAR(30) NOT NULL UNIQUE COMMENT '姓名',
    stugender CHAR(1) NOT NULL DEFAULT '男' COMMENT '性别',
    stubirth DATETIME NOT NULL COMMENT '出生日期',
    classno CHAR(3) NOT NULL COMMENT '班级编号',
    FOREIGN KEY(classno) REFERENCES t_class(classno),
    d_id  CHAR(4) NOT NULL COMMENT '宿舍号',
    FOREIGN KEY(d_id) REFERENCES t_dorm(d_id)
)ENGINE=INNODB CHARACTER SET=utf8 COLLATE=utf8_bin;
```

③ 创建职称信息表 t_profetitle，代码如下：

```
CREATE TABLE IF NOT EXISTS t_profetitle(
    profetitleno VARCHAR(6) NOT NULL PRIMARY KEY COMMENT '职称编号',
    profetitle VARCHAR(50) UNIQUE COMMENT '职称名称'
)ENGINE=INNODB CHARACTER SET=utf8 COLLATE=utf8_bin;
```

④ 创建教师信息表 t_teachers，代码如下：

```
CREATE TABLE IF NOT EXISTS t_teachers(
    teano VARCHAR(12) NOT NULL COMMENT '教师编号' PRIMARY KEY ,
    teaname VARCHAR(50) COMMENT '教师姓名',
    teagender CHAR(2) COMMENT '性别',
    teabirth DATETIME COMMENT '出生日期',
    profetitleno VARCHAR(6) COMMENT '职称编号',
    FOREIGN KEY(profetitleno) REFERENCES t_profetitle(profetitleno)
)ENGINE=INNODB CHARACTER SET=utf8 COLLATE=utf8_bin;
```

⑤ 创建课程信息表 t_course，代码如下：

```
CREATE TABLE IF NOT EXISTS t_course(
    courseno VARCHAR(10) NOT NULL PRIMARY KEY COMMENT '课程号',
    coursename VARCHAR(50) UNIQUE COMMENT '课程名称',
    coursenature ENUM('考试课','考查课') NOT NULL COMMENT '课程性质',
    coursescore FLOAT COMMENT '课程学分',
    coursehour INT COMMENT '课程学时'
)ENGINE=INNODB CHARACTER SET=utf8 COLLATE=utf8_bin;
```

⑥ 创建教师授课信息表 t_tealecture，代码如下：

```
CREATE TABLE IF NOT EXISTS t_tealecture(
    lectureno VARCHAR(8) NOT NULL PRIMARY KEY COMMENT '授课编号',
    teano VARCHAR(12) NOT NULL COMMENT '教师编号',
    courseno VARCHAR(10) NOT NULL COMMENT '课程号',
    courseterm VARCHAR(4) COMMENT '开设学期',
    FOREIGN KEY(teano) REFERENCES t_teachers(teano),
    FOREIGN KEY(courseno) REFERENCES t_course(courseno)
)ENGINE=INNODB CHARACTER SET=utf8 COLLATE=utf8_bin;
```

⑦ 创建成绩信息表 t_score，代码如下：

```
CREATE TABLE IF NOT EXISTS t_score(
    stuno CHAR(11) NOT NULL COMMENT '学号',
    courseno VARCHAR(10) NOT NULL COMMENT '课程号',
    score INT COMMENT'成绩',
    PRIMARY KEY(stuno,courseno),
    FOREIGN KEY(stuno) REFERENCES t_students(stuno),
    FOREIGN KEY(courseno) REFERENCES t_course(courseno)
)ENGINE=INNODB CHARACTER SET=utf8 COLLATE=utf8_bin;
```

⑧ 创建测试表 t_test1，便于进行表的相关测试，代码如下：

```
CREATE TABLE IF NOT EXISTS t_test1 (
    col1 CHAR(11) NOT NULL COMMENT '测试字段 1',
    col2 VARCHAR(30) COMMENT'测试字段 2',
)ENGINE=INNODB CHARACTER SET=utf8 COLLATE=utf8_bin;
```

【任务小结】

本任务主要介绍了创建数据表的操作，采用 SQLyog 界面操作创建数据表和 SQL 语句创建数据表两种方法实施任务，实现了数据库基本对象表的创建，为后期数据录入和查询奠定基础。

3.1.5 知识拓展：指明表所属数据库的方法

我们在创建数据表时，如果不确定是否在当前数据库中创建数据表，可将表名称定义为 db_name.tbl_name，表示创建者指定在特定的数据库中创建表。在当前数据库中创建表时，可以省略"db_name.。如果要使用加引号的标识符，则应对数据库和表的名称分别加引号。例如，'mydb'.'mytbl'是合法的，但'mydb.mytbl'不合法。

任务 3.2 管理数据表

【任务描述】

进一步分析学生成绩管理系统需求，对已经创建好的数据库 stumandb 中的数据表进行优化、改进，使数据库中表的设计更加合理。

【任务分析】

将学生成绩管理系统需求进一步细化，查看已经创建好的数据库 stumandb 中的数据表，并根据需求进一步修改数据表，对一些冗余数据表进行删除，完成对数据表的优化设计。

3.2.1 查看数据表

在数据表创建完成后，我们可以查看数据表，以便更好地了解数据表的结构。查看数据表有两种方法，即通过客户端工具 SQLyog 或 SQL 语句。

方法 1：使用 SQLyog 界面操作查看数据表，只需启动 MySQL 客户端工具 SQLyog，选择"stumandb"下的某个数据表，右击，选择"改变表"命令，就会显示该数据表的结构。

方法 2：使用 SQL 语句查看数据表。

① 查看所有数据表。

```
SHOW TABLES;
```

② 查看名称中包含某个字符串的数据表。

例如，查看名称中包含"t_tea"的数据表。

```
SHOW TABLES LIKE '%t_tea%';
```

③ 查看表结构。

```
#语法格式:
DESC 表名;
```

如：

```
DESC t_tea;
```

④ 查看创建表的语句。

```
#语法格式:
SHOW CREATE TABLE 表名;
```

如：

```
SHOW CREATE TABLE t_tea;
```

3.2.2 修改数据表

一旦对数据表的需求发生改变，就可以对现有的数据表进行修改。我们通过客户端工具 SQLyog 或 SQL 语句修改数据表，为记录的管理做好准备。

V3-3 修改数据表

1. 修改表名

① 利用 SQLyog 界面操作修改表名，其步骤如下。

启动 MySQL 客户端工具 SQLyog，选择数据表所在的数据库名，单击数据库名前面的加号图标，展开数据库，继续单击"表"前面的加号图标，选择要修改的数据表，右击，选择"改变表"命令，在打开的界面中修改表名称，之后单击"保存"按钮，完成数据表名称的修改。

② 使用 SQL 语句修改数据表名，基本语法格式如下：

```
#语法格式 1: 一次修改一张表的名称
ALTER TABLE 旧表名 RENAME [TO|AS]新表名;
#语法格式 2: 一次修改多张表的名称
RENAME TABLE 旧表名 1 TO 新表名 1 [,旧表名 2 TO 新表名 2...];
```

【案例 3-13】修改名称为 "t_tea" 的数据表的名称为 "t_teanew"，代码如下：

```
ALTER TABLE t_tea RENAME TO t_teanew;
#或
ALTER TABLE t_tea RENAME AS t_teanew;
#或
RENAME TABLE t_tea TO t_teanew;
```

2. 修改表选项

（1）利用 SQLyog 界面操作修改表选项

启动 MySQL 客户端工具 SQLyog，选择数据表所在的数据库名，单击数据库名前面的加号图标，展开数据库，继续单击 "表" 前面的加号图标，选择要修改的数据表，右击，选择 "改变表" 命令，在打开的界面中进行表选项的具体修改，之后单击 "保存" 按钮，完成数据表选项的修改。

（2）使用 SQL 语句修改表选项

基本语法格式如下：

```
Alter TABLE [IF NOT EXISTS] <表名>
([表定义选项])[表选项][分区选项];
```

① 添加新字段，具体语法格式如下：

```
#语法格式 1: 一次添加一个新字段
Alter TABLE <表名>
ADD [COLUMN]新字段名 字段数据类型[FIRST|AFTER 字段名];
#语法格式 2: 一次添加多个新字段
Alter TABLE <表名>
ADD [COLUMN] (新字段名 1 字段数据类型 1，新字段名 2 字段数据类型 2...);
```

【案例 3-14】修改数据表 t_teanew，添加新字段 t_tel，代码如下：

```
ALTER TABLE t_teanew
ADD COLUMN t_tel CHAR(11);    -- COLUMN 关键字可以省略
```

【案例 3-15】修改数据表 t_teanew，在该表第一个字段的位置添加新字段 t_id，代码如下：

```
ALTER TABLE t_teanew
ADD COLUMN t_id VARCHAR(20) FIRST;
```

【案例 3-16】修改数据表 t_teanew，在 t_name 字段后添加新字段 t_profetitle，代码如下：

```
ALTER TABLE t_teanew
ADD COLUMN t_profetitle VARCHAR(30) AFTER t_name;
```

【案例 3-17】修改数据表 t_teanew，在 t_name 字段后添加 t_email 字段和 t_address 字段，代码如下：

```
ALTER TABLE t_teanew
ADD (t_email VARCHAR(50),t_address VARCHAR(50));
```

② 修改字段类型，具体语法格式如下：

```
#语法格式
Alter TABLE <表名>
MODIFY [COLUMN]字段名 新数据类型[字段描述];
```

【案例 3-18】修改数据表 t_teanew，将 t_id 字段设置为 CHAR 类型，长度为 10，非空约束，代码如下：

```
ALTER TABLE t_teanew
MODIFY t_id CHAR(10) NOT NULL;
```

③ 修改字段的位置，具体语法格式如下：

```
#语法格式
ALTER TABLE <表名>
MODIFY [COLUMN]字段名1新数据类型[字段描述] [FIRST|AFTER字段名2];
```

【案例3-19】修改数据表t_teanew，将t_no字段调整为该表的第一个字段，代码如下：

```
ALTER TABLE t_teanew
MODIFY  t_no CHAR(10) FIRST;
```

【案例3-20】修改数据表t_teanew，将t_id字段调整到t_tel字段之后，代码如下：

```
ALTER TABLE t_teanew
MODIFY  t_id CHAR(10) NOT NULL AFTER t_tel;
```

④ 删除表字段，具体语法格式如下：

```
#语法格式
ALTER TABLE <表名>
DROP [COLUMN]字段名;
```

【案例3-21】修改数据表t_teanew，删除t_id字段，代码如下：

```
ALTER TABLE t_teanew
DROP COLUMN t_id;  -- COLUMN可以省略
```

3.2.3　删除数据表

一旦数据表失去存在的价值，就可以对表进行删除操作。删除表是删除数据库中已经存在的表，删除表的同时，其中的数据也将被一并删除。我们可以通过客户端工具SQLyog或SQL语句删除失去存在价值的数据表，节省存储空间。

1. 使用SQLyog界面操作删除数据表

启动MySQL客户端工具SQLyog，选择要删除的数据表，右击，在"更多表操作"子菜单中选择"从数据库删除表"命令，此时系统弹出"您是否要真的丢弃表？"提示信息，单击"是"按钮，完成删除数据表的操作。

2. 使用SQL语句删除数据表

基本语法格式如下：

```
DROP TABLE [IF EXISTS]数据表1[,数据表2...];
```

【案例3-22】删除数据表t_teanew，代码如下：

```
DROP TABLE IF EXISTS t_teanew;
```

3.2.4　数据完整性

一个数据库就是一个完整的业务单元，数据均被存储在二维表中。数据完整性是为了更加准确地存储数据，保证数据库中的数据正确、有效，防止用户进行错误操作。可以在创建表或修改表时为表添加一些强制性验证内容，包括数据表的字段类型和约束等。

数据完整性分为实体完整性、域完整性、参照完整性。

1. 实体完整性

V3-4 主键约束

实体完整性指的是表中的行的完整性，因为一行对应一个实体。实体完整性规定表的一行在表中是唯一的，不能出现重复值，也不允许为空值。实体完整性通过表的主键约束等来实现。

（1）创建表时添加主键约束

使用 SQL 语句创建表时添加主键约束的语法格式如下：

```
#语法格式 1：列级主键约束
字段名 数据类型 PRIMARY KEY;
#语法格式 2：表级主键约束
PRIMARY KEY(字段名1,字段名2...);
```

说明：通过创建表添加主键约束时，若表中主键由一个字段构成，即单字段主键，主键约束的添加可以采用表级主键约束的添加方法，也可以采用列级主键约束的添加方法；若表中主键由多个字段构成，即复合主键，主键约束的添加只能采用列级主键约束的添加方法。

【案例 3-23】创建表 t_tea 和 t_tea1，将 t_no 字段设置为主键约束。

① 添加列级主键约束。

```
CREATE TABLE IF NOT EXISTS t_tea(
    t_no CHAR(11) PRIMARY KEY,
    t_name VARCHAR(30),
    t_birth DATETIME
)ENGINE=INNODB CHARACTER SET=utf8 COLLATE=utf8_bin;
```

② 添加表级主键约束。

```
CREATE TABLE IF NOT EXISTS t_tea1(
    t_no CHAR(11),
    t_name VARCHAR(30),
    t_birth DATETIME,
    PRIMARY KEY(t_no)
)ENGINE=INNODB CHARACTER SET=utf8 COLLATE=utf8_bin;
```

③ 查看 t_tea 表结构。

执行查看表结构的 SQL 语句，代码和执行结果如图 3-23 所示（MySQL 在 Windows 操作系统下不区分英文大小写，数据类型在图中显示为小写）。

Field	Type		Null	Key	Default		Extra
t_no	char(11)	8B	NO	PRI	(NULL)	OK	
t_name	varchar(30)	11B	YES		(NULL)	OK	
t_birth	datetime	8B	YES		(NULL)	OK	

图 3-23 查看表结构显示结果

我们可以看到表 t_tea 的 t_no 字段已经被设置为主键约束。

④ 测试主键不允许使用重复值。

向 t_tea 表中插入记录，执行如下代码后则显示插入成功。

```
INSERT INTO t_tea VALUES('2001030200','张丽','2001-02-18');
```

再次执行上面的代码，则插入失败，错误提示如图 3-24 所示。

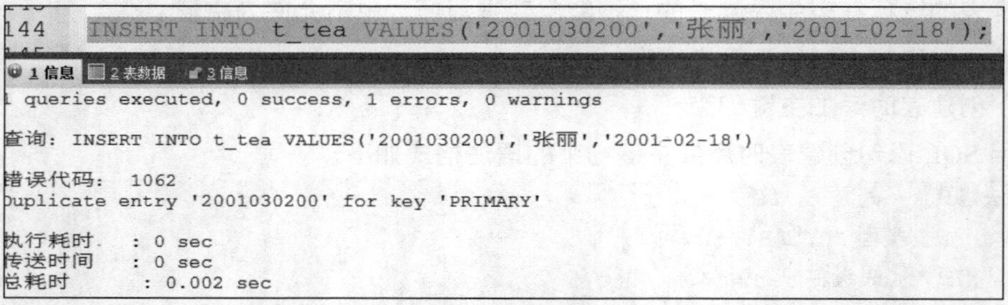

图 3-24　测试主键不允许使用重复值错误提示

我们可以看到主键 t_no 字段因"2001030200"重复值的使用导致插入失败，从而证明主键不允许使用重复值。

⑤ 测试主键不允许使用空值。

向 t_tea 表中插入记录。

```
INSERT INTO t_tea(t_name,t_birth) VALUES('王晓明','2006-12-03');
```

执行上面的代码，则插入失败，错误提示如图 3-25 所示。

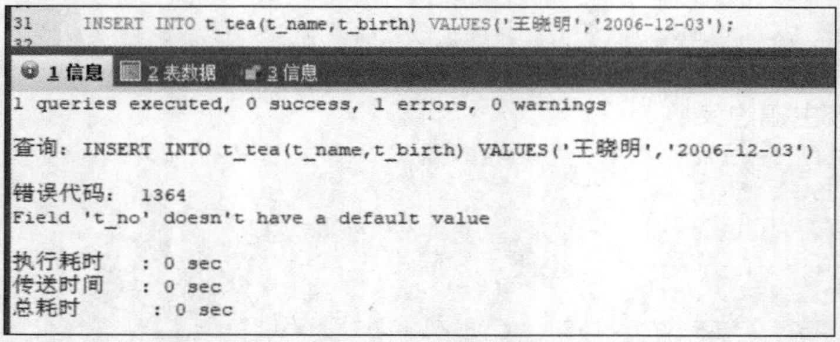

图 3-25　测试主键不允许使用空值错误提示

我们可以看到上述代码中主键未给值，记录插入时 MySQL 使用空值补全记录。由于主键不允许使用空值，因此记录插入失败，从而证明主键不允许使用空值。

（2）修改表时添加主键约束

使用 SQL 语句修改表时添加主键约束的语法格式如下：

```
ALTER TABLE <表名>
ADD CONSTRAINT [约束名称] PRIMARY KEY(字段名1[,字段名2...]);
```

说明：通过修改表添加主键约束时，无论是单字段主键还是复合主键，主键约束的添加只能采用表级主键约束的添加方法。

【案例 3-24】创建表 t_tea2，通过修改表的操作将 t_no 字段设置为主键约束。

① 创建数据表 t_tea2。

```
CREATE TABLE IF NOT EXISTS t_tea2(
    t_no CHAR(11),
    t_name VARCHAR(30),
    t_birth DATETIME
)ENGINE=INNODB CHARACTER SET=utf8 COLLATE=utf8_bin;
```

② 修改数据表 t_tea2，为字段 t_no 添加主键约束。

```
ALTER TABLE t_tea2
ADD CONSTRAINT PK_t_no PRIMARY KEY(t_no);
```

③ 查看 t_tea2 表结构。

执行查看表结构的 SQL 语句，代码和执行结果如图 3-26 所示。

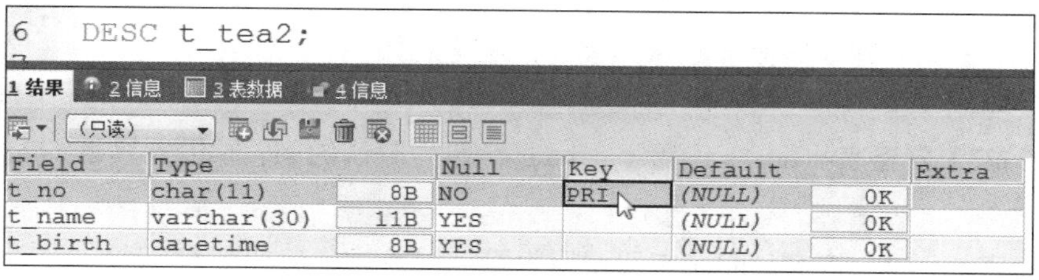

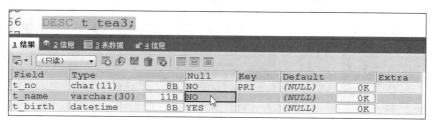

图 3-26　查看表结构显示结果（1）

我们可以看到表 t_tea2 的 t_no 字段已经被设置为主键约束。

2. 域完整性

域完整性是指数据表的字段必须符合某种特定的数据类型或约束，比如非空约束、默认约束和唯一约束等。

（1）非空约束

① 创建表时添加非空约束。

使用 SQL 语句创建表时添加非空约束的语法格式如下：

```
字段名 数据类型 NOT NULL
```

【案例 3-25】创建表 t_tea3，将 t_name 字段设置为非空约束。

a. 创建表 t_tea3，将 t_name 字段设置为非空约束，代码如下：

```
CREATE TABLE IF NOT EXISTS t_tea3(
    t_no CHAR(11) PRIMARY KEY,
    t_name VARCHAR(30) NOT NULL,
    t_birth DATETIME
)ENGINE=INNODB CHARACTER SET=utf8 COLLATE=utf8_bin;
```

b. 查看 t_tea3 的表结构。

执行查看表结构的 SQL 语句，代码和执行结果如图 3-27 所示。

图 3-27　查看表结构显示结果（2）

② 修改表时添加非空约束。

使用 SQL 语句修改表时添加非空约束的语法格式如下：

```
ALTER TABLE <表名>
MODIFY [COLUMN]字段名 数据类型 NOT NULL;
```

【案例 3-26】修改表 t_tea3，将 t_birth 字段设置为非空约束，代码如下：

```
ALTER TABLE t_tea3
MODIFY COLUMN t_birth DATETIME NOT NULL;    -- COLUMN 可以省略
```

（2）默认约束

① 创建表时添加默认约束。

V3-5 默认约束

使用 SQL 语句创建表时添加默认约束的语法格式如下：

```
字段名 数据类型 DEFAULT 默认值
```

【案例 3-27】创建表 t_tea4，设置 t_gender 字段为默认约束，并设置其默认值为“女”。

a. 创建表 t_tea4，将 t_gender 字段设置为默认约束，代码如下：

```
CREATE TABLE IF NOT EXISTS t_tea4(
    t_no CHAR(11) PRIMARY KEY,
    t_name VARCHAR(30) NOT NULL,
    t_birth DATETIME,
    t_gender CHAR(1) DEFAULT '女'   -- 设置默认约束，默认值为“女”
)ENGINE=INNODB CHARACTER SET=utf8 COLLATE=utf8_bin;
```

b. 查看 t_tea4 表结构。

执行查看表结构的 SQL 语句，代码和执行结果如图 3-28 所示。

Field	Type		Null	Key	Default		Extra
t_no	char(11)	8B	NO	PRI	(NULL)	0K	
t_name	varchar(30)	11B	NO		(NULL)	0K	
t_birth	datetime	8B	YES		(NULL)	0K	
t_gender	char(1)	7B	YES		女	3B	

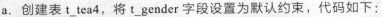

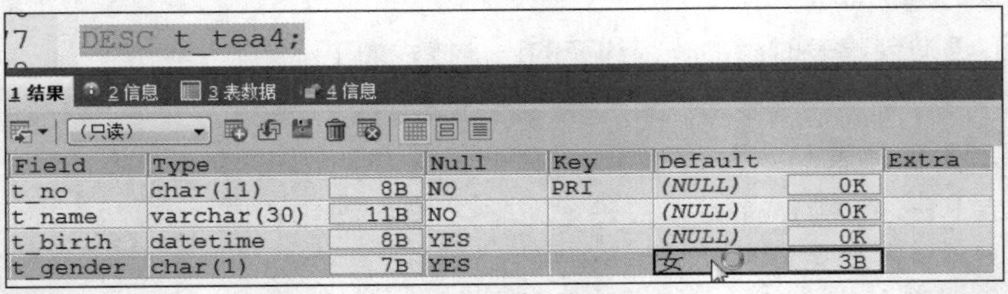

图 3-28 查看表结构显示结果（3）

② 修改表时添加默认约束。

使用 SQL 语句修改表时添加默认约束的语法格式如下：

```
ALTER TABLE <表名>
MODIFY [COLUMN] 字段名数据类型 DEFAULT 默认值;
```

【案例 3-28】修改表 t_tea4，将 t_birth 字段设置为默认约束，默认值为“0000-00-00”，代码如下：

```
ALTER TABLE t_tea4
MODIFY COLUMN t_birth DATETIME DEFAULT '0000-00-00';    -- COLUMN 可以省略
```

（3）唯一约束

唯一约束用于保证数据表中字段的唯一性，即表中字段不允许使用重复值。唯一约束分为列级唯一约束和表级唯一约束。列级唯一约束定义在一个列上，只对该列起作用；表级唯一约束的定义独立于列，可以应用在一个表的多个列上。

① 创建表时添加唯一约束。

唯一约束通过 UNIQUE 关键字定义。设置唯一约束的基本语法格式如下：

```
#列级唯一约束
<字段名> <数据类型> UNIQUE
#表级唯一约束
UNIQUE(字段名 1,字段名 2...)
```

【案例 3-29】 创建表 t_tea5，设置 t_name 字段为唯一约束。

a. 创建表 t_tea5，将 t_name 字段设置为唯一约束，代码如下：

```
CREATE TABLE IF NOT EXISTS t_tea5(
    t_no CHAR(11) PRIMARY KEY,
    t_name VARCHAR(30) UNIQUE,
    t_birth DATETIME,
    t_gender CHAR(1) DEFAULT '女'
)ENGINE=INNODB CHARACTER SET=utf8 COLLATE=utf8_bin;
```

b. 查看 t_tea5 表结构。

执行查看表结构的 SQL 语句，代码和执行结果如图 3-29 所示。

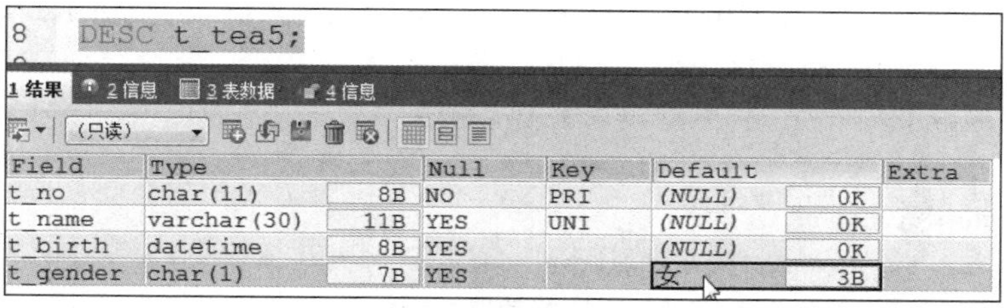

Field	Type		Null	Key	Default		Extra
t_no	char(11)	8B	NO	PRI	(NULL)	0K	
t_name	varchar(30)	11B	YES	UNI	(NULL)	0K	
t_birth	datetime	8B	YES		(NULL)	0K	
t_gender	char(1)	7B	YES		女	3B	

图 3-29 查看表结构显示结果（4）

② 修改表时添加唯一约束。

使用 SQL 语句修改表时添加唯一约束的语法格式如下：

```
ALTER TABLE <表名>
ADD UNIQUE(字段名);
```

【案例 3-30】 创建表 t_tea6，创建完成后，通过修改表将 t_name 字段设置为唯一约束，代码如下：

```
CREATE TABLE IF NOT EXISTS t_tea6(
    t_no CHAR(11) PRIMARY KEY,
    t_name VARCHAR(30),
    t_birth DATETIME,
    t_gender CHAR(1) DEFAULT '女'
)ENGINE=INNODB CHARACTER SET=utf8 COLLATE=utf8_bin;

#通过修改表将 t_name 字段设置为唯一约束
ALTER TABLE t_tea6
ADD UNIQUE(t_name);
```

V3-6 外键约束

3. 参照完整性

参照完整性（Referential Integrity）是数据库设计中的一个重要概念。参照完整性指的是在数据库的多张表中相同含义数据的一致性和完整性。有对应参照完整性的两张表，在对它们进行数据插入、更新、删除的过程中，系统都会将被修改表与另一张对应表进行对照，从而阻止一些不正确的数据操作，由此可防止用户进行各种错误操作，从而提供更为准确和实用的数据库。参照完整性通过外键约束来实现。

外键约束是在一张表中引用另外一张表的一个字段或多个字段，被引用的字段应该具有主键约束或唯一约束，从而保证数据的一致性和完整性。在实施中需要两张表，被引用的表叫作主表，引用外键的表叫作从表。

目前只有 InnoDB 存储引擎支持外键约束，且建立外键关系的两个数据表的相关字段数据类型必须相似。

添加外键约束的方法有两种，一种是利用 SQLyog 界面操作，另一种是利用 SQL 语句。

（1）利用 SQLyog 界面操作添加外键约束

利用 SQLyog 界面操作添加外键约束的步骤如下。

① 创建两张表，为添加外键约束做好准备。

为了更好地演示利用 SQLyog 界面操作添加外键约束的过程，我们以购物网站中顾客与订单的关系创建两张表，一张表是顾客表 customers，另一张表是订单表 orders，具体实现如下。

创建数据库，使用数据库：

```
CREATE DATABASE IF  NOT EXISTS webshopdb;
USE webshopdb;
```

创建 customers 表：

```
CREATE TABLE IF NOT EXISTS customers(
    cid VARCHAR(10) COMMENT '顾客编号',
    cname VARCHAR(100) COMMENT '顾客姓名',
    caddress VARCHAR(255) COMMENT '顾客地址',
    PRIMARY KEY(cid)
)ENGINE INNODB CHARACTER SET utf8 COLLATE utf8_bin;
```

创建 orders 表：

```
CREATE TABLE IF NOT EXISTS orders(
    oid VARCHAR(20) PRIMARY KEY COMMENT '订单编号',
    oprice FLOAT(8,2) COMMENT '订单金额',
    ostatus INT COMMENT '订单状态',
    cid VARCHAR(10) COMMENT '顾客编号'
)ENGINE INNODB CHARACTER SET utf8 COLLATE utf8_bin;
```

② 利用 SQLyog 界面操作添加外键约束。

启动 MySQL 客户端工具 SQLyog，展开"webshopdb"数据库，选择"orders"表，右击，选择"关/系/外键"命令，如图 3-30 所示。

查看 orders 表结构，如图 3-31 所示，可以看到约束名、引用列、引用数据库和引用表等选项设置。

图 3-30 选择"关/系/外键"命令

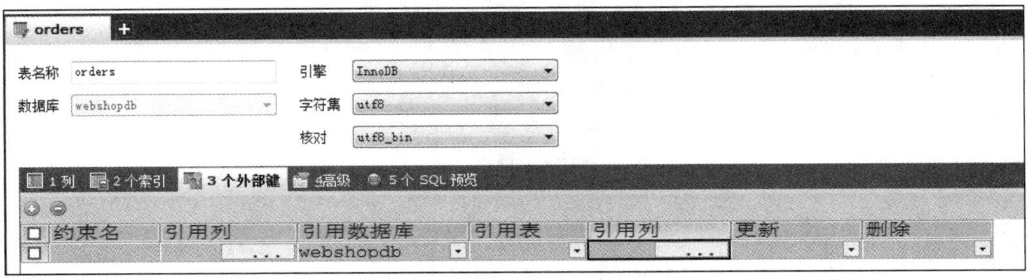

图 3-31 orders 表结构

将"约束名"设置为"fk_customers_oid","引用列"设置为"cid","引用数据库"设置为"webshopdb","引用表"设置为"customers","引用列"设置为"cid",设置完成后如图 3-32 所示。单击"保存"按钮,系统弹出"表已成功修改"提示信息,此时就完成了 orders 表的外键约束添加。

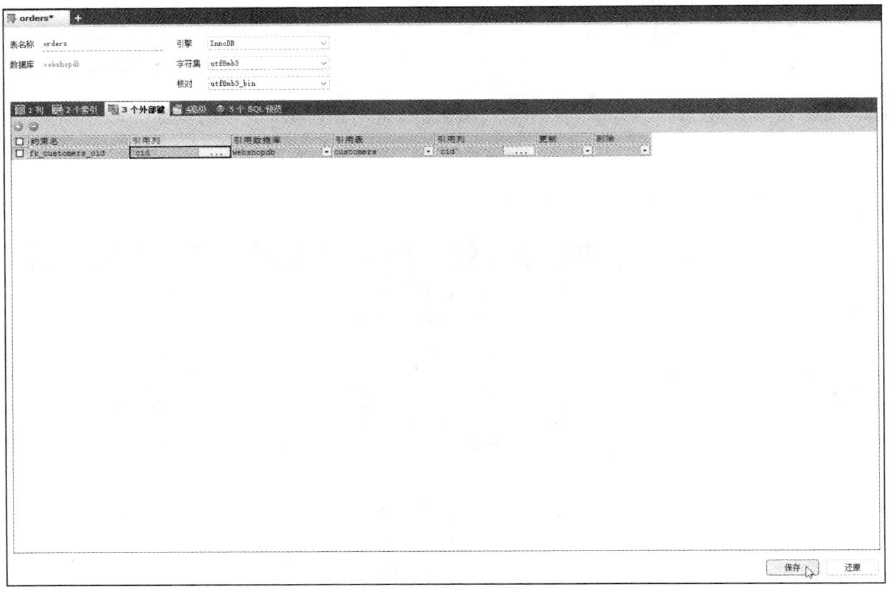

图 3-32 添加外键约束

（2）使用 SQL 语句添加外键约束

① 创建表时添加外键约束的语法格式如下：

```
[CONSTRAINT 约束名] FOREIGN KEY(外键字段名) REFERENCES 主表(主键字段名)
```

语法说明如下。

CONSTRAINT 约束名：用于定义外键约束名，可以省略，如果省略，将由系统自动生成一个约束名。

【案例 3-31】创建宿舍表 t_dormitory 和学生表 t_stu，实现两张表之间的关联。

a. 创建宿舍表 t_dormitory，设置主键，代码如下：

```
CREATE TABLE IF NOT EXISTS t_dormitory (
    d_id CHAR(3) PRIMARY KEY COMMENT '宿舍号',
    d_type VARCHAR(20) COMMENT '宿舍类型',
    d_buildno INT COMMENT '楼号',
    d_bedNum INT COMMENT '床位数',
    d_remark TEXT COMMENT '备注'
)ENGINE INNODB CHARACTER SET utf8 COLLATE utf8_bin;
```

b. 创建学生表 t_stu，设置外键，代码如下：

```
CREATE TABLE IF NOT EXISTS t_stu(
    s_id CHAR(10) PRIMARY KEY COMMENT '学号' ,
    s_name VARCHAR(30) COMMENT '学生姓名',
    s_gender CHAR(1) COMMENT '性别',
    d_id CHAR(3) COMMENT '宿舍号',
    CONSTRAINT FK_D_Id FOREIGN KEY(d_id) REFERENCES t_dormitory(d_id)
    #可以省略 CONSTRAINT FK_D_Id 或者单独省略约束名 FK_D_Id
)ENGINE INNODB CHARACTER SET utf8 COLLATE utf8_bin;
```

c. 查看外键约束。

查看 t_stu 表结构，代码如下：

```
DESC t_stu;
```

代码执行后，我们看到"Key"列中 d_id 的值为"MUL"，如图 3-33 所示。这说明外键约束设置成功。

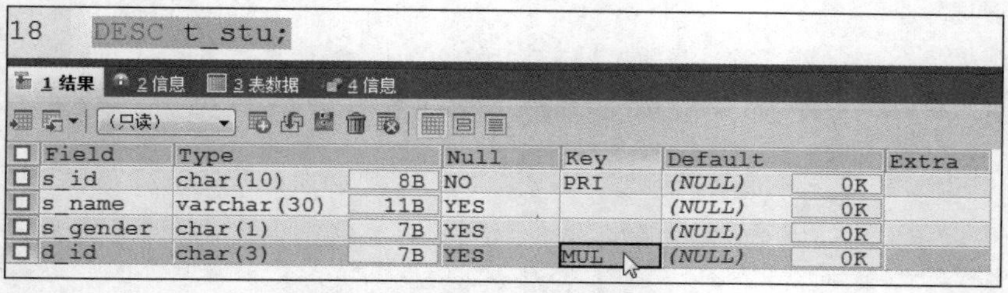

图 3-33　查看外键约束显示结果

至此，外键约束添加结束，主表宿舍表 t_dormitory 与从表学生表 t_stu 之间的关联关系建立完成。

② 修改表时添加外键约束的语法格式如下：

```
ALTER TABLE 表名
ADD CONSTRAINT [约束名] FOREIGN KEY (外键字段名) REFERENCES 主表(主键字段名);
```

语法说明如下。

约束名：可以省略，如果省略，将由系统自动生成一个约束名。

【案例 3-32】 用修改表时添加外键约束的方法完成【案例 3-31】，实现宿舍表 t_dormitory 和学生表 t_stu 之间的关联。

a. 删除学生表 t_stu，代码如下：

```
DROP TABLE IF EXISTS t_stu;
```

b. 创建学生表 t_stu，代码如下：

```
CREATE TABLE IF NOT EXISTS t_stu(
    s_id CHAR(10) PRIMARY KEY COMMENT '学号' ,
    s_name VARCHAR(30) COMMENT '学生姓名',
    s_gender CHAR(1) COMMENT '性别',
    d_id CHAR(3) COMMENT '宿舍号'
)ENGINE INNODB CHARACTER SET utf8 COLLATE utf8_bin;
```

c. 修改学生表 t_stu，添加外键约束，代码如下：

```
ALTER TABLE t_stu
ADD CONSTRAINT FK_D_Id FOREIGN KEY(d_id) REFERENCES t_dormitory (d_id);
-- 约束名 FK_D_Id 可以省略
```

d. 查看外键约束。

查看 t_stu 表结构，执行 DESC t_stu;后，我们可以看到学生表 t_stu 的外键约束添加完成，如图 3-33 所示。至此，我们通过修改表完成了外键约束的添加，实现了宿舍表 t_dormitory 和学生表 t_stu 之间的关联。

V3-7 关联表操作

4. 关联表操作

外键约束添加完成后，具有关联关系的多张表默认情况下在记录插入、更新和删除时会互相影响，目的是避免破坏数据完整性的操作出现。下面我们对添加外键约束后具有关联关系的记录操作进行详细讲解。

（1）插入记录

具有主从关系的两张表在插入记录时，需要先向主表插入记录，再向从表插入相关记录，否则会导致插入操作失败。

向主表宿舍表 t_dormitory 中插入以下记录：

```
INSERT INTO t_dormitory VALUES('001','标兵宿舍','1','6','软件专业宿舍'),
                              ('002','文明宿舍','1','6','物联网专业宿舍'),
                              ('003','普通宿舍','2','5','大数据专业宿舍'),
                              ('004','文明宿舍','2','6','移动应用专业宿舍'),
                              ('005','标兵宿舍','1','6','网络专业宿舍');
```

再向从表学生表 t_stu 中插入以下记录：

```
INSERT INTO t_stu VALUES('3502901210','张明','男','001'),
                       ('3502901387','李晓娜','女','002'),
                       ('3502907863','范东','男','002'),
```

```
                                    ('3502901243','刘小娥','女','003'),
                                    ('3502902783','魏鹏','男','004'),
                                    ('3502906682','付责','男','004'),
                                    ('3502908948','蓝天','男','005');
```

执行上述代码后，两张表的记录均插入成功。

具有主从关系的两张表，在执行插入操作时，从表的外键字段值一定要引用主表的主键字段值，否则会违反外键约束，导致插入失败。我们执行下面插入记录的 SQL 语句后，显示插入失败，如图 3-34 所示。

```
INSERT INTO t_stu VALUES('3502903790','刘晴晴','女','006');
```

```
38    INSERT INTO t_stu VALUES('3502903790','刘晴晴','女','006');
■ 1信息  □ 2表数据  ✔ 3信息
1 queries executed, 0 success, 1 errors, 0 warnings
查询: INSERT INTO t_stu VALUES('3502903790','刘晴晴','女','006')
错误代码: 1452
Cannot add or update a child row: a foreign key constraint fails (`webshopdb`.`t_stu`, CONSTRAINT `FK_D_Id`
FOREIGN KEY (`d_id`) REFERENCES `t_dormitory` (`d_id`))
执行耗时  : 0 sec
传送时间  : 0 sec
总耗时    : 0.007 sec
```

图 3-34   插入操作时违反外键约束的错误提示

我们可以看到，插入学生表 t_stu 的记录中 d_id 为 "006"，但是在宿舍表 t_dormitory 中没有 d_id 为 "006" 的记录存在，违反了外键约束，导致插入操作失败。外键约束很好地实现了参照完整性，确保了主表中不存在的 d_id，从表是不允许使用的。

（2）删除记录

具有主从关系的两张表在删除记录时，需要先删除从表记录，再删除主表相关记录，否则会导致删除操作失败。

删除从表学生表 t_stu 中 d_id 为 "002" 的相关记录：

```
DELETE FROM t_stu
WHERE d_id='002';
```

再删除主表宿舍表 t_dormitory 中 d_id 为 "002" 的相关记录：

```
DELETE FROM t_dormitory
WHERE d_id='002';
```

执行上述代码后，两张表的记录均删除成功。

具有主从关系的两张表，在执行删除操作时，一定要先删除从表记录，再删除主表相关记录，否则会违反外键约束，导致删除失败。我们执行下面删除记录的 SQL 语句后，显示删除失败，如图 3-35 所示。

```
DELETE FROM t_dormitory WHERE d_id='001';
```

我们可以看到，先删除主表宿舍表 t_dormitory 中 d_id 为 "001" 的记录时，由于从表学生表 t_stu 中还有 d_id 为 "001" 的记录，违反了外键约束，导致删除操作失败。外键约束很好地实现了数据完整性，确保了从表中使用的 d_id，主表是不允许删除的。

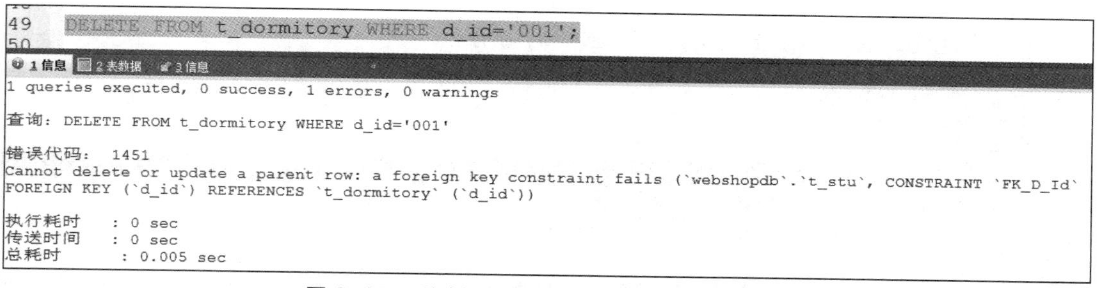

```
49  DELETE FROM t_dormitory WHERE d_id='001';
50
```

```
● 1信息  🔲 2表数据  ✔ 3信息
1 queries executed, 0 success, 1 errors, 0 warnings

查询: DELETE FROM t_dormitory WHERE d_id='001'

错误代码: 1451
Cannot delete or update a parent row: a foreign key constraint fails (`webshopdb`.`t_stu`, CONSTRAINT `FK_D_Id`
FOREIGN KEY (`d_id`) REFERENCES `t_dormitory` (`d_id`))

执行耗时    : 0 sec
传送时间    : 0 sec
总耗时      : 0.005 sec
```

图 3-35　删除操作时违反外键约束的错误提示

（3）更新记录

具有主从关系的两张表，从表在更新外键字段值时，需要使用主表主键存在的字段值；主表在更新主键字段值时，需要确保从表没有引用该值的记录存在，否则会导致更新操作失败。

更新从表学生表 t_stu 中 s_id 为 "3502908948" 的记录，将其 d_id 修改为 "004"，代码如下：

```
UPDATE t_stu
SET d_id='004'
WHERE s_id='3502908948';
```

执行上述代码后，成功将 s_id 为 "3502908948" 的记录的 d_id 修改为 "004"。

继续更新从表学生表 t_stu 中 s_id 为 "3502908948" 的记录，将其 d_id 修改为 "006"，代码如下：

```
UPDATE t_stu
SET d_id='006'
WHERE s_id ='3502908948';
```

执行上述代码后，显示更新失败，如图 3-36 所示。

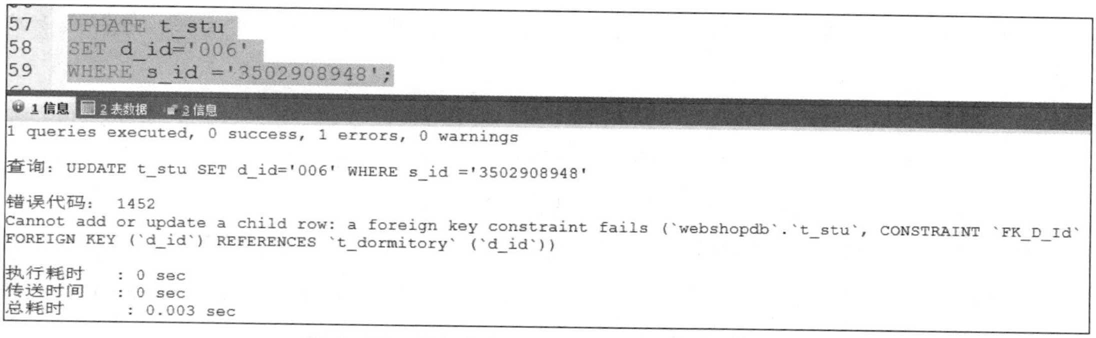

```
57  UPDATE t_stu
58  SET d_id='006'
59  WHERE s_id ='3502908948';
```

```
● 1信息  🔲 2表数据  ✔ 3信息
1 queries executed, 0 success, 1 errors, 0 warnings

查询: UPDATE t_stu SET d_id='006' WHERE s_id ='3502908948'

错误代码: 1452
Cannot add or update a child row: a foreign key constraint fails (`webshopdb`.`t_stu`, CONSTRAINT `FK_D_Id`
FOREIGN KEY (`d_id`) REFERENCES `t_dormitory` (`d_id`))

执行耗时    : 0 sec
传送时间    : 0 sec
总耗时      : 0.003 sec
```

图 3-36　更新从表时违反外键约束的错误提示

我们可以看到，更新从表学生表 t_stu 的记录，将从表学生表 t_stu 中 s_id 为 "3502908948" 的记录的 d_id 修改为 "006" 时更新失败，其原因是从表学生表 t_stu 中的新 d_id 必须要引用主表宿舍表 t_dormitory 主键中存在的值，而主表宿舍表 t_dormitory 主键中没有 "006"，引用失败，违反了外键约束，导致更新操作失败。

更新主表宿舍表 t_dormitory 中 d_id 为 "001" 的记录，将其 d_id 修改为 "006"，代码如下：

```
UPDATE t_dormitory
SET d_id='006'
WHERE d_id='001';
```

执行上述代码后，显示更新失败，如图 3-37 所示。

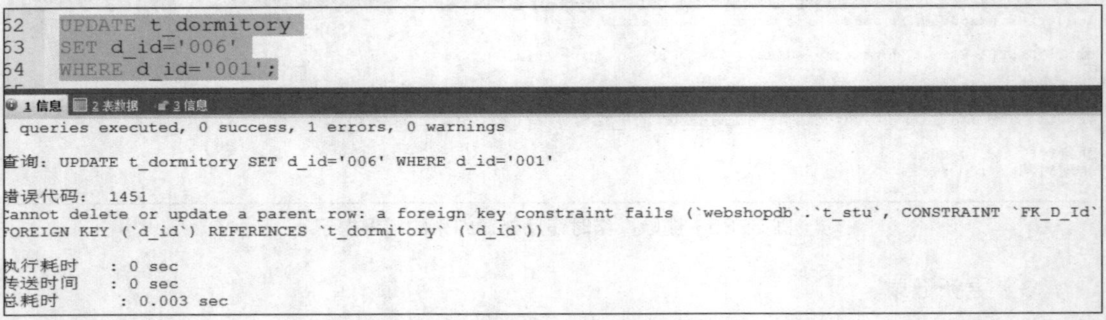

```
52  UPDATE t_dormitory
53  SET d_id='006'
54  WHERE d_id='001';
```

```
1 信息   2 表数据   3 信息
1 queries executed, 0 success, 1 errors, 0 warnings

查询: UPDATE t_dormitory SET d_id='006' WHERE d_id='001'

错误代码: 1451
Cannot delete or update a parent row: a foreign key constraint fails (`webshopdb`.`t_stu`, CONSTRAINT `FK_D_Id`
FOREIGN KEY (`d_id`) REFERENCES `t_dormitory` (`d_id`))

执行耗时   : 0 sec
传送时间   : 0 sec
总耗时     : 0.003 sec
```

图 3-37　更新主表时违反外键约束的错误提示

我们可以看到，更新主表宿舍表 t_dormitory 的记录，将主表宿舍表 t_dormitory 中 d_id 为 "001" 的 d_id 修改为 "006" 时更新失败，其原因是从表学生表 t_stu 中存在使用 d_id "001" 的记录，违反了外键约束，导致更新操作失败。

（4）外键设置

具有主从关系的两张表在默认情况下，记录操作时很容易导致违反外键约束的情况出现。下面我们给出子表（即从表）的删除、更新策略，从子表出发，对外键进行设置，让记录的删除和更新更加高效。

如果实体和实体间存在一对多的关联关系的表，子表的删除、更新有 4 种策略，分别是 CASCADE（级联）、NO ACTION（无动作）、RSTRICT（主表约束）和 SET NULL（置空），具体说明如下。

① CASCADE 策略。使用此种策略时，主表的记录被删除或被修改时会同步删除或修改子表。

② NO ACTION 策略。使用此种策略时，要删除主表必须先删除子表，要删除主表的记录，必须先删除子表中与之关联的记录，不能更新主表主键字段的值。

③ RSTRICT 策略。此种策略对主表的约束与 NO ACTION 的一样。

④ SET NULL 策略。使用此种策略时，如果主表被删除或者主键被更改，则将子表中的外键设置为 NULL。需要注意的是，如果子表的外键是主键或设置为非空约束，则主表的删除和主键的更新与 NO ACTION 的一样。

在【案例 3-31】和【案例 3-32】中，具有主从关系的两张表默认使用 NO ACTION 策略。由于 RSTRICT 策略与 NO ACTION 策略类似，所以接下来我们通过案例来讲解 CASCADE 策略和 SET NULL 策略。

在实施 CASCADE 策略时，只需要在添加外键约束时加上 ON DELETE CASCADE（级联删除）或 ON UPDATE CASCADE（级联更新），也可以两者一起使用。

【案例 3-33】修改【案例 3-32】中的学生表 t_stu，采用 CASCADE 策略实现两张表之间的关联。

① 查看创建从表学生表 t_stu 的 SQL 语句，从而得到外键约束的名称，代码如下：

```
SHOW CREATE TABLE  t_stu;
```

执行结果如下：

```
CREATE TABLE `t_stu` (
  `s_id` CHAR(10) COLLATE utf8_bin NOT NULL COMMENT '学号',
  `s_name` VARCHAR(30) COLLATE utf8_bin DEFAULT NULL COMMENT '学生姓名',
  `s_gender` CHAR(1) COLLATE utf8_bin DEFAULT NULL COMMENT '性别',
  `d_id` CHAR(3) COLLATE utf8_bin DEFAULT NULL COMMENT '宿舍号',
  PRIMARY KEY (`s_id`),
  KEY `FK_D_Id` (`d_id`),
  CONSTRAINT `FK_D_Id` FOREIGN KEY (`d_id`) REFERENCES `t_dormitory` (`d_id`)
) ENGINE=InnoDB DEFAULT CHARACTER SET=utf8 COLLATE=utf8_bin;
```

我们可以看到，学生表 t_stu 的外键约束名为“FK_D_Id”。

② 修改学生表 t_stu，删除外键约束。

```
ALTER TABLE t_stu
DROP FOREIGN KEY FK_D_Id;
```

③ 修改学生表 t_stu，采用 CASCADE 策略将外键约束修改为级联删除和级联更新模式。

```
ALTER TABLE t_stu
ADD CONSTRAINT FK_D_Id FOREIGN KEY(d_id) REFERENCES t_dormitory(d_id) ON DELETE
CASCADE ON UPDATE CASCADE;  -- 将外键约束设置为级联删除和级联更新
```

④ 删除主表宿舍表 t_dormitory 中 d_id 为“001”的记录。

```
DELETE FROM t_dormitory
WHERE d_id='001';
```

⑤ 查看宿舍表 t_dormitory 的记录，显示结果如图 3-38 所示。

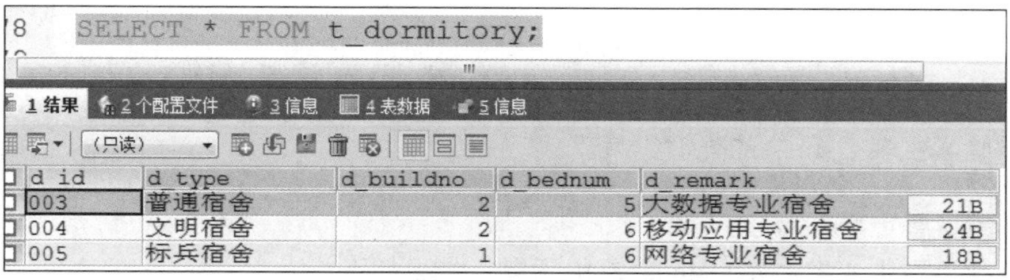

d_id	d_type	d_buildno	d_bednum	d_remark	
003	普通宿舍	2	5	大数据专业宿舍	21B
004	文明宿舍	2	6	移动应用专业宿舍	24B
005	标兵宿舍	1	6	网络专业宿舍	18B

图 3-38　级联删除时查看主表的显示结果

此时我们可以看到宿舍表 t_dormitory 中 d_id 为“001”的记录已经被删除。

⑥ 查看学生表 t_stu 的记录，显示结果如图 3-39 所示。

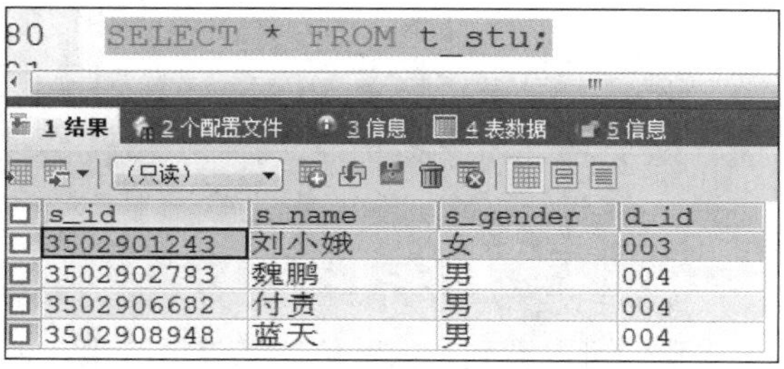

s_id	s_name	s_gender	d_id
3502901243	刘小娥	女	003
3502902783	魏鹏	男	004
3502906682	付责	男	004
3502908948	蓝天	男	004

图 3-39　级联删除时查看从表的显示结果

此时我们可以看到，级联删除操作使学生表 t_stu 中 d_id 为“001”的记录也被成功删除。

⑦ 更新宿舍表 t_dormitory 中的记录，将 d_id“003”修改为“006”。

```
UPDATE t_dormitory
SET d_id='006'
WHERE d_id='003';
```

⑧ 查看宿舍表 t_dormitory 的记录，显示结果如图 3-40 所示。

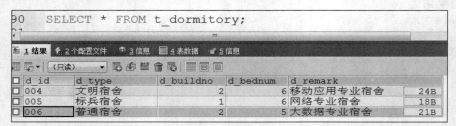

图 3-40　级联更新时查看主表的显示结果

此时我们可以看到，宿舍表 t_dormitory 中 d_id 为"003"的记录已经不存在，被修改成了"006"。

⑨ 查看学生表 t_stu 的记录，显示结果如图 3-41 所示。

此时我们可以看到，级联更新操作使学生表 t_stu 中 d_id 为"003"的记录被修改成了"006"。

在实施 SET NULL 策略时，只需要在添加外键约束时加上 ON DELETE SET NULL（删除置空）或 ON UPDATE SET NULL（更新置空），也可以两者一起使用。

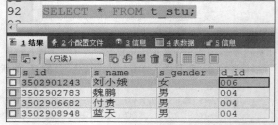

图 3-41　级联更新时查看从表的显示结果

【案例 3-34】修改【案例 3-33】中的学生表 t_stu，采用 SET NULL 策略实现两张表之间的关联。

① 查看创建从表学生表 t_stu 的 SQL 语句，从而得到外键约束的名称。

```
#此步骤代码省略，参看【案例 3-33】中相关代码
```

② 删除学生表 t_stu 中的外键约束。

```
ALTER TABLE t_stu
DROP FOREIGN KEY FK_D_Id;
```

③ 再次查看生成学生表 t_stu 的 SQL 语句，结果如下：

```
CREATE TABLE `t_stu` (
 `s_id` CHAR(10) COLLATE utf8_bin NOT NULL COMMENT '学号',
 `s_name` VARCHAR(30) COLLATE utf8_bin DEFAULT NULL COMMENT '学生姓名',
 `s_gender` CHAR(1) COLLATE utf8_bin DEFAULT NULL COMMENT '性别',
 `d_id` CHAR(3) COLLATE utf8_bin DEFAULT NULL COMMENT '宿舍号',
 PRIMARY KEY (`s_id`),
 KEY `FK_D_Id` (`d_id`)
) ENGINE=InnoDB DEFAULT CHARACTER SET=utf8 COLLATE=utf8_bin;
```

我们可以看到，虽然删除了外键约束，但是依然存在名称为"FK_D_Id"的键。

④ 修改学生表 t_stu，采用 SET NULL 策略将外键约束修改为置空模式。

```
ALTER TABLE t_stu
ADD CONSTRAINT FK_D_Id1 FOREIGN KEY(d_id) REFERENCES t_dormitory (d_id) ON
DELETE SET NULL ON UPDATE SET NULL;  -- 将外键约束设置为置空模式
```

⑤ 删除主表宿舍表 t_dormitory 中 d_id 为"006"的记录。

```
DELETE FROM t_dormitory
WHERE d_id='006';
```

⑥ 查看宿舍表 t_dormitory 的记录，显示结果如图 3-42 所示。

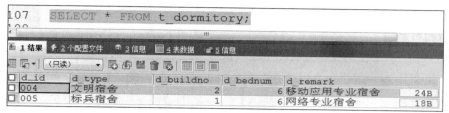

图 3-42　删除置空时查看主表的显示结果

此时我们可以看到，宿舍表 t_dormitory 中 d_id 为 "006" 的记录已经被删除。

⑦ 查看学生表 t_stu 的记录，显示结果如图 3-43 所示。

此时我们可以看到，删除置空操作使学生表 t_stu 中 d_id 为 "006" 的记录被修改为 NULL。

⑧ 更新宿舍表 t_dormitory 中的记录，将 d_id "004" 修改为 "001"。

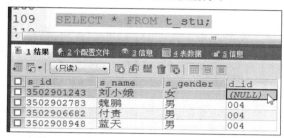

图 3-43　删除置空时查看从表的显示结果

```
UPDATE t_dormitory
SET d_id='001'
WHERE d_id='004';
```

⑨ 查看宿舍表 t_dormitory 的记录，显示结果如图 3-44 所示。

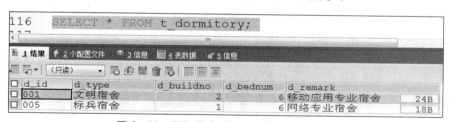

图 3-44　更新置空时查看主表的显示结果

此时我们可以看到，宿舍表 t_dormitory 中 d_id 为 "004" 的记录已经不存在，被修改成了 "001"。

⑩ 查看学生表 t_stu 的记录，显示结果如图 3-45 所示。

此时我们可以看到，更新置空操作使学生表 t_stu 中 d_id 为 "004" 的记录被修改成了 NULL。

至此，我们完成了 CASCADE 策略和 SET NULL 策略的学习，当然我们也可以根据实际情况，将级联操作和置空操作搭配使

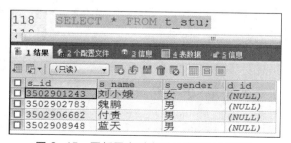

图 3-45　更新置空时查看从表的显示结果

用，比如可以设置级联删除和更新置空，即 DELETE CASCADE UPDATE SET NULL。

3.2.5 任务实施

1. 查看数据表

① 使用 SQLyog 界面操作查看学生成绩管理系统中的 t_class 数据表，其步骤如下。

启动 MySQL 客户端工具 SQLyog，选择"stumandb"下的"t_class"数据表，右击，选择"改变表"命令，如图 3-46 所示，显示 t_class 表的结构，如图 3-47 所示。

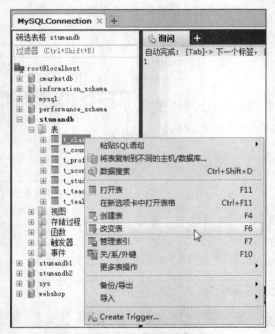

图 3-46 选择"改变表"命令

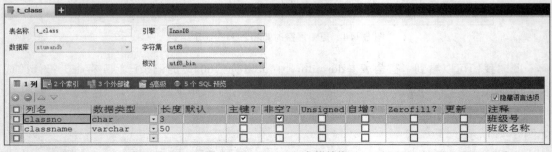

图 3-47 t_class 表的结构

② 使用 SQL 语句查看学生成绩管理系统中的 t_students 数据表创建时使用的 SQL 语句，参考代码如下：

```
SHOW CREATE TABLE t_students;
```

执行结果如图 3-48 所示。

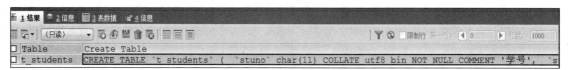

图 3-48　查看创建表的 SQL 语句显示结果

将执行结果中显示的 SQL 语句复制并粘贴到查询窗口中，可以看到创建表的 SQL 语句，如下。

```
CREATE TABLE `t_students` (
  `stuno` CHAR(11) COLLATE utf8_bin NOT NULL COMMENT '学号',
  `stuname` VARCHAR(30) COLLATE utf8_bin NOT NULL COMMENT '姓名',
  `stugender` CHAR(2) COLLATE utf8_bin NOT NULL DEFAULT '男' COMMENT '性别',
  `stubirth` DATETIME NOT NULL COMMENT '出生日期',
  `classno` CHAR(3) COLLATE utf8_bin NOT NULL COMMENT '班级编号',
  `d_id` CHAR(4) COLLATE utf8_bin NOT NULL COMMENT '宿舍号',
  PRIMARY KEY (`stuno`),
  UNIQUE KEY `stuname` (`stuname`),
  KEY `classno` (`classno`),
  KEY `d_id` (`d_id`),
  CONSTRAINT `t_students_ibfk_1` FOREIGN KEY (`classno`) REFERENCES `t_class`
(`classno`),
  CONSTRAINT `t_students_ibfk_2` FOREIGN KEY (`d_id`) REFERENCES `t_dorm`
(`d_id`)
) ENGINE=InnoDB DEFAULT CHARACTER SET=utf8 COLLATE=utf8_bin;
```

提示：在上述创建表的 SQL 语句中，字段名全部被放到了反引号中，有效地防止了字段名与系统的关键字冲突。

2．修改数据表

通过对学生成绩管理系统中的 t_students 数据表中存储的数据的分析，可以发现该表的 stugender 字段使用 CHAR 类型不太合理，为避免录入的数据出现"男""女"之外的值，我们选择使用枚举型，并限制取值只能为"男"或"女"。我们使用 SQLyog 界面操作修改数据表结构，其步骤如下。

① 启动 MySQL 客户端工具 SQLyog，选择"stumandb"下的"t_students"表，右击，选择"改变表"命令，显示 t_students 表的结构，如图 3-49 所示。

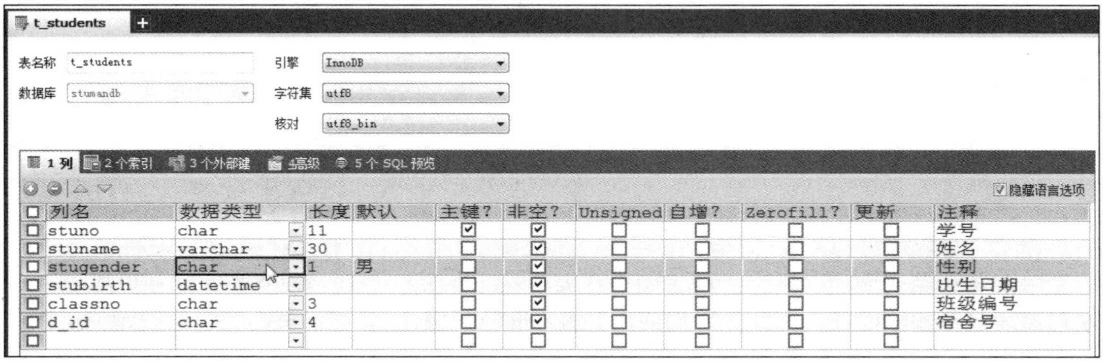

图 3-49　t_students 表的结构

② 将 stugender 字段的数据类型修改为"enum"，弹出"枚举值列表"对话框，如图 3-50 所示。在"输入值"文本框中分别输入"男"和"女"，单击"添加"按钮，输入完成后，单击"确定"按钮，完成枚举值的输入，如图 3-51 所示。

图 3-50 "枚举值列表"对话框

图 3-51 完成枚举值的输入

③ 此时 stugender 字段修改完成，如图 3-52 所示。单击"保存"按钮即可。

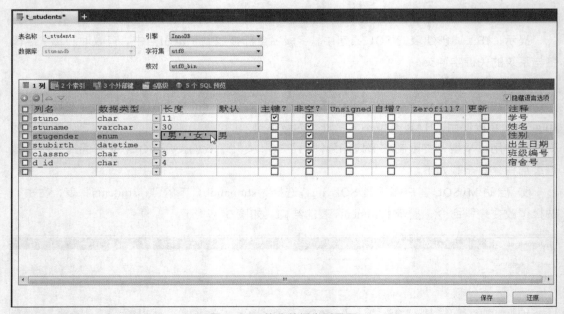

图 3-52 修改数据类型界面

3. 删除数据表

在前面数据表创建过程中，为了测试我们建立了表 t_test1，当该表失去存在价值后，可以对该表进行删除操作。在此，我们使用 SQLyog 界面操作删除数据表，其操作步骤如下。

启动 MySQL 客户端工具 SQLyog，选择"stumandb"下的表"t_test1"，右击，选择"更

多表操作"→"从数据库删除表"命令,如图 3-53 所示。此时,系统会弹出"您是否要真的丢弃表?"提示信息,单击"是"按钮,完成删除表 t_test1 的操作。

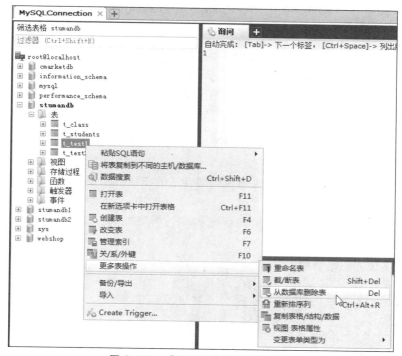

图 3-53   "从数据库删除表"命令

同样,我们可以使用 SQL 语句删除 t_test1 数据表,其参考代码如下:

```
DROP TABLE IF EXISTS t_test1;
```

【任务小结】

我们通过查看、修改和删除表,并设置表中约束,对管理表的操作进行了系统的学习,尤其是外键约束的学习,为后续查询数据的学习奠定了基础。

3.2.6   知识拓展:自增字段

在设计数据库时,有时复合字段作为主键过于复杂,甚至分析主键的过程也过于复杂。为数据表设置主键约束后,每次插入记录都需要检查主键的值,防止因插入重复值或空值导致插入失败,这会给数据库的使用带来很多麻烦。因此可以利用自增字段为表添加一个主键字段来解决这个问题。在 MySQL 中,可以使用 AUTO_INCREMENT 关键字设置自增字段,也可以通过自定义序列的方式设置自增字段。

V3-8   自增字段

1. 设置自增字段

使用 SQL 语句添加自增字段的语法格式如下:

```
字段名 数据类型 AUTO_INCREMENT;
```

自增字段在字段不给定值、设置为默认值或空值时,系统会从之前记录中找到最大值,做加 1 操作来给定值。默认自增字段的初始值为 1，初始值也称种子值，两个自增字段值的差为增量，又名步长。自增字段的使用前提如下：

① 当前字段是一个 KEY，如 UNIQUE KEY 或 PRIMARY KEY。

② 当前字段必须是整型字段。

③ 必须为当前字段设置 AUTO_INCREMENT 关键字。

自增字段一般由 MySQL 自动给定值，如果在插入记录时，为自增字段设定一个值，且设置的值大于当前表中自增字段现有的最大值，则当前自增字段值会失效，将用设置值代替前自增字段值。

提示：一旦当前会话结束，如重启 MySQL 服务，步长将恢复到默认值 1。

2. 查看自增字段

可以利用 SHOW VARIABLES 来查看当前会话的初始值和步长。使用 SQL 语句查看自增字段的语法格式如下：

```
SHOW VARIABLES LIKE 'auto_inc%';
```

3. 修改自增字段

修改自增字段的初始值和步长：

```
#修改初始值
#如：通过 SET @@auto_increment_offset 将初始值设置为100
SET @@auto_increment_offset=100;
#修改步长
#如：通过 SET @@auto_increment_increment 将步长设置为30
SET @@auto_increment_increment=30;
```

提示：如果设置的自增字段的初始值大于步长，设置就会失效。

下面我们通过案例演示创建表时设置自增字段及其使用。

【案例 3-35】创建表 t_auto_increment，设置 sid 字段为自增字段。

① 查看当前会话的初始值和步长，代码如下：

```
SHOW VARIABLES LIKE 'auto_inc%';
```

执行上述代码后，显示结果如图 3-54 所示。

我们可以看到，当前会话的初始值（auto_increment_offset）为 1，步长（auto_increment_increment）也为 1。

② 创建表 t_auto_increment，设置 sid 字段为自增字段，代码如下：

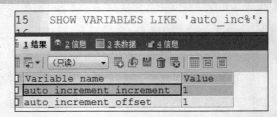

图 3-54　查看当前会话的初始值和步长显示结果

```
CREATE TABLE IF NOT EXISTS t_auto_increment(
    sid INT PRIMARY KEY AUTO_INCREMENT,
    sname VARCHAR(20)
)ENGINE=INNODB CHARACTER SET=utf8 COLLATE=utf8_bin;
```

③ 查看 t_auto_increment 表结构。

执行查看表结构的 SQL 语句，执行结果如图 3-55 所示。

我们可以看到，sid 字段的"Extra"列的值为 auto_increment，表明自增字段设置完成。

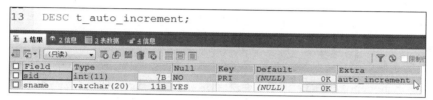

图 3-55　查看表结构的显示结果

④ 测试自增字段的使用情况。

a. 自增字段不给定值，测试代码如下：

```
INSERT INTO t_auto_increment(sname) VALUES('张明');
```

查看 t_auto_increment 表中记录，显示结果如图 3-56 所示。

图 3-56　自增字段不给定值时查看表记录的显示结果

我们可以看到在插入记录时，如果自增字段不给定值，MySQL 将自动为自增字段 sid 插入整型值 1。

b. 自增字段设置为默认值，测试代码如下：

```
INSERT INTO t_auto_increment VALUES(DEFAULT,'李华');
```

查看 t_auto_increment 表中记录，显示结果如图 3-57 所示。

图 3-57　自增字段设置为默认值时查看表记录的显示结果

我们可以看到在插入记录时，如果自增字段设置为默认值 DEFAULT，MySQL 将自动为自增字段 sid 插入整型值 2。

c. 自增字段设置为空值，测试代码如下：

```
INSERT INTO t_auto_increment VALUES(NULL,'王峰');
```

查看 t_auto_increment 表中记录，显示结果如图 3-58 所示。

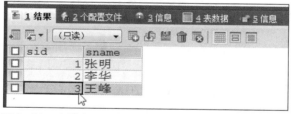

图 3-58　自增字段设置为空值时查看表记录的显示结果

我们可以看到在插入记录时，如果自增字段设置为空值 NULL，MySQL 将自动为自增字段 sid 插入整型值 3。

⑤ 为自增字段设置值。

向 t_auto_increment 表中插入记录，且为自增字段设置值 5，测试代码如下：

```
INSERT INTO t_auto_increment  VALUES(5,'刘亮');
```

查看 t_auto_increment 表中记录，显示结果如图 3-59 所示。

我们可以看到在插入记录时，如果为自增字段设置值 5，且此值大于现有 sid 字段的所有值，此时设置值将成功插入自增字段内。

⑥ 修改初始值和步长。

修改 t_auto_increment 表的默认初始值和步长，代码如下：

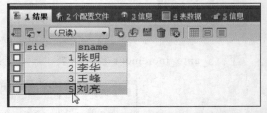

图 3-59　为自增字段设置值时查看表记录的显示结果

```
#修改初始值
SET @@auto_increment_offset=10;
#修改步长
SET @@auto_increment_increment=20;
```

⑦ 查看当前会话的初始值和步长，代码如下：

```
SHOW VARIABLES LIKE 'auto_inc%';
```

执行上述代码后，显示结果如图 3-60 所示。

我们可以看到，当前会话的初始值被修改为 10，步长被修改为 20。

⑧ 插入新记录。

向 t_auto_increment 表中插入新记录，代码如下：

```
INSERT INTO t_auto_increment(sname) VALUES('张晓峰');
INSERT INTO t_auto_increment(sname) VALUES('刘亮亮');
```

⑨ 查看 t_auto_increment 表中记录。

查看 t_auto_increment 表中记录，显示结果如图 3-61 所示。

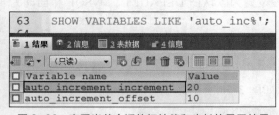

图 3-60　查看当前会话的初始值和步长的显示结果

图 3-61　查看修改初始值和步长后的新记录的显示结果

我们可以看到在插入记录时，新 sid 字段的值使用了新设置的初始值 10，后续记录则在 10 的基础上进行加 20 的操作。

⑩ 继续修改初始值和步长，设置初始值大于步长，测试自增字段取值失效。

```
#修改初始值
SET @@auto_increment_offset=100;
```

```
#修改步长
SET @@auto_increment_increment=30;
```

⑪ 继续查看当前会话的初始值和步长，代码如下：

```
SHOW VARIABLES LIKE 'auto_inc%';
```

执行上述代码后，显示结果如图 3-62 所示。

我们可以看到，当前会话的初始值被修改为 100，步长被修改为 30，从目前的显示结果来看，设置的初始值和步长已经生效。

⑫ 插入新记录。

```
#向 t_auto_increment 表中插入新记录
INSERT INTO t_auto_increment(sname) VALUES('刘丽');
INSERT INTO t_auto_increment(sname) VALUES('黄晓晓');
```

⑬ 查看 t_auto_increment 表中记录。

查看 t_auto_increment 表中记录，显示结果如图 3-63 所示。

我们可以看到在插入记录时，刘丽的 sid 的值并未使用新设置的初始值 100，黄晓晓的 sid 的值也并未进行加 30 的操作，也就是我们所说的，当设置的初始值大于步长时，当前会话的初始值和步长设置失败。

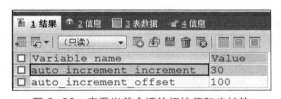

图 3-62　查看当前会话的初始值和步长的
显示结果（1）

图 3-63　查看修改初始值和步长后的新记录的
显示结果（1）

⑭ 重启 MySQL 服务。

重启 MySQL 服务，终止当前会话，如图 3-64 所示。

⑮ 查看当前会话的初始值和步长，代码如下：

```
SHOW VARIABLES LIKE 'auto_inc%';
```

执行上述代码后，显示结果如图 3-65 所示。

图 3-64　重启 MySQL 服务

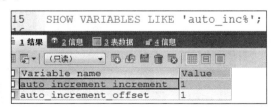

图 3-65　查看当前会话的初始值和步长的显示结果（2）

我们可以看到，当前会话的初始值和步长均恢复为 1。

⑯ 插入新记录，查看初始值和步长。

向 t_auto_increment 表中插入新记录，代码如下：

```
INSERT INTO t_auto_increment(sname) VALUES('张明明');
INSERT INTO t_auto_increment(sname) VALUES('牛丽');
```

⑰ 查看 t_auto_increment 表中记录。

查看 t_auto_increment 表中记录，显示结果如图 3-66 所示。

图 3-66   查看修改初始值和步长后的新记录的显示结果（2）

我们可以看到重启 MySQL 服务后，初始值和步长均恢复为默认值 1，再插入新记录，sid 字段的值在现有的最大值 100 的基础上继续做加 1 操作。

项目总结

本项目首先介绍了根据学生成绩管理系统的需求分析进行数据库中的表的设计与创建，然后经过反复论证，根据需要对数据表进行查看、修改和删除等优化设计与操作。

项目实战

对网上订餐系统数据库 onlineordsysdb 完成如下操作。

1. 使用 SQL 语句完成 onlineordsysdb 数据库下用户表 users、菜单表 menu、订单表 orders、送餐员工表 staff、订单详情表 orderdetails 和菜品种类表 types 这 6 张表的创建，注意各个表约束的设置。

2. 使用 SQL 语句完成 onlineordsysdb 数据库下用户表 users、菜单表 menu、订单表 orders、送餐员工表 staff、订单详情表 orderdetails 和菜品种类表 types 这 6 张表的记录插入。

习题训练

一、选择题

1. 下列 MySQL 的数据类型中，可以存储整数数值的是（   ）。

A. FLOAT   B. DOUBLE

C. MEDIUMINT   D. VARCHAR

2. 下列有关 DECIMAL(6,2)的描述中，正确的是（　　　　）。

    A. 它不可以存储小数

    B. 6 表示数据的长度，2 表示小数点后的长度

    C. 6 代表最多的整数位数，2 代表小数点后的长度

    D. 允许最多存储 8 位数字

3. 下列选项中，为字段设置非空约束的基本语法格式是（　　　　）。

    A. 字段名 数据类型 IS NULL

    B. 字段名 数据类型 NOT NULL

    C. 字段名 数据类型 IS NOT NULL

    D. 字段名 NOT NULL 数据类型

4. 下列选项中，表示时间戳类型的是（　　　　）。

    A. DECIMAL(6,2)　　　　　　　　B. DATE

    C. YEAR　　　　　　　　　　　　D. TIMESTAMP

5. 删除列的 SQL 语句是（　　　　）。

    A. ALTER TABLE...DELETE...　　　　B. ALTER TABLE...DELETE COLUMN...

    C. ALTER TABLE...DROP...　　　　D. ALTER TABLE...DROP COLUMN...

6. 从表中的外键字段在主表中必须是（　　　）或（　　　）。

    A. 主键　　　　　　　　　　　　B. 外键

    C. 复合主键　　　　　　　　　　D. 唯一键

7. 外键所在表称为（　　　　）。

    A. 主表　　　　　　　　　　　　B. 父表

    C. 从表　　　　　　　　　　　　D. 子表

8. 以下语句中可以查看创建表的 SQL 语句的是（　　　　）。

    A. CREATE TABLE　　　　　　　B. DESC 表名

    C. SHOW CREATE TABLE 表名　　D. DROP TABLE

9. 以下语句中用来查看表结构的是（　　　　）。

    A. CREATE TABLE　　　　　　　B. DESC 表名

    C. SHOW CREATE TABLE 表名　　D. DROP TABLE

10. 外键要求具有主从关系的两张表必须使用（　　　　）存储引擎。

    A. MyISAM　　　　　　　　　　B. InnoDB

    C. Archive　　　　　　　　　　D. BlackHole

二、判断题

1. ENUM 类型又称为枚举型，只能从枚举列表中取值，且只能取一个值。（　　　　）

2. 一张表必须要设置主键。（　　　　）

3. 一张表的主键只能有一个，外键也只能有一个。（　　　　）

4. 主键可以由一个字段构成，也可以由多个字段构成。（　　　　）

5. 具有主从关系的两张表，如果设置了级联更新和级联删除，操作时应面向主表。（　　）

6. CHAR 类型用于存储固定长度的字符串。（　　）

7. 为表中某个字段指定默认值时使用默认约束。（　　）

8. 为了避免字段的值重复出现，可以使用唯一约束，即 UNIQUE 约束来限制。（　　）

9. 自增字段必须设置为整型，且必须定义为主键。（　　）

10. 自增字段中的初始值和步长是不可修改的。（　　）

三、简答题

1. 列举 MySQL 常见约束。

2. 通过案例测试主键约束的使用方法。

3. 通过案例测试外键约束的使用方法。

4. 简述自增字段的意义。

项目4
操作学生成绩管理系统数据

04

项目描述

在"大数据时代"，数据库中的海量数据是如何存储的呢？又是如何实现查询的呢？本项目将学习如何操作数据库中的数据，重点学习如何使用 SQL 语句来实现数据库中数据的添加、修改、删除以及如何在数据库的海量数据中查询需要的数据，从而使学生领略使用 SQL 语句操作数据的神奇之处。

学习目标

知识目标

① 掌握添加数据的方法。

② 掌握修改数据的方法。

③ 掌握删除数据的方法。

④ 掌握各种单表查询的方法。

⑤ 掌握多表连接查询的方法。

⑥ 掌握子查询的方法。

技能目标

① 能够熟练使用图形化管理工具 SQLyog 管理数据。

② 能够灵活运用 SQL 语句实现数据的添加、修改、删除。

③ 能够灵活运用 SQL 语句进行数据的各种查询。

素养目标

① 增强规范编码的意识。

② 培养自主学习和解决实际问题的能力。

③ 培养网络安全和保密意识等。

任务 4.1　操作数据

【任务描述】

　　向学生成绩管理系统数据库中的各个数据表中添加数据；根据需求修改学生成绩管理系统数据库中数据表中的数据；根据需求删除学生成绩管理系统数据库中数据表中的数据。

V4-1　添加数据

V4-2　修改与
删除数据

【任务分析】

　　数据库管理员可以通过图形化管理工具 SQLyog 界面操作数据，也可以通过 SQL 语句方式操作数据；而程序开发人员必须掌握使用 SQL 语句方式操作数据的方法，因为程序和数据库"打交道"就是通过 SQL 语句进行的。另外，当数据量比较大的时候，SQL 语句方式比 SQLyog 界面操作更为灵活、方便，所以本项目中只简单说明如何使用 SQLyog 界面操作数据，重点介绍如何使用 SQL 语句方式操作数据。

4.1.1　添加数据语法

使用 SQL 语句添加数据的基本语法格式如下：

```
INSERT [INTO] <表名> [字段名] VALUES <值列表>;
```

语法说明如下。

① "[]"代表可选项，"<>"代表必选项。

② 如果有多个字段名和多个值，则需要用逗号隔开。

4.1.2　添加完整行数据

1. 当 VALUES 子句中值的数目与 INSERT 语句中指定的列的数目相匹配

【案例 4-1】向职称表 t_profetitle 中添加数据。

```
INSERT INTO t_profetitle(profetitleno, profetitle) VALUES('Z001','助教');
```

也可以不指定字段名，但值列表中值的顺序应与表中字段的顺序保持一致。

```
INSERT INTO t_profetitle VALUES('Z001','助教');
```

2. 向具有默认值的列添加数据

【案例 4-2】向学生表 t_students 中插入一条学生信息，假设学生表 t_students 设置了性别的默认值为"男"。

可以使用 DEFAULT 关键字来代替要插入的数据。

```
INSERT INTO t_students
VALUES ('35092005022','张娜',DEFAULT,'2001-11-10','007','4006');
```

INSERT 语句中不指定具有默认值的字段名和值。

```
INSERT INTO t_students(stuno,stuname,stubirth,classno,d_id)
VALUES ('35092005023','李岩','2001-11-10','007','4006');
```

注意：

① VALUES 子句中值的数目必须与 INSERT 语句中指定的列的数目相匹配。

下面的代码中 INSERT 语句中指定的列的数目是 4，而 VALUES 子句中值的数目是 5，两者不匹配，所以执行失败。

```
INSERT INTO t_course(courseno,coursename,coursenature,coursescore)
VALUES ('07081903','C语言程序设计基础','考试课',3,56);
```

② 值列表中值的数据类型、精度要与对应的列保持一致。

下面的代码中输入的日期的月份是 13，取值范围不正确，所以执行失败。

```
INSERT INTO t_students(stuno,stuname,stugender,stubirth,classno,d_id)
VALUES ('35092005023','王红','女','2001-13-10','007','4006');
```

③ 可以不指定字段名，但值列表中值的顺序应该与表中字段的顺序保持一致。

下面的代码中省略了字段名，但值列表中值的个数及顺序和表中的字段的个数及顺序是一致的，所以执行成功。

```
INSERT INTO t_course
VALUES ('07091924','python程序设计基础','考试课',3,64);
```

4.1.3　添加部分列数据

当表中的列允许为空时，插入数据时可以省略允许为空的列值，不允许为空的列值是不能省略的。

【案例 4-3】向宿舍表 t_dorm 中插入一条宿舍信息，假设宿舍表 t_dorm 的备注信息 d_remark 允许为空。

方法 1：

```
INSERT INTO t_dorm(d_id,d_type,d_buildnum,d_bednum)
VALUES('1001','标兵宿舍',1,6);
```

方法 2：

```
INSERT INTO t_dorm
VALUES('1001','标兵宿舍',1,6,NULL);
```

4.1.4　添加多行数据

可以使用多条 INSERT 语句一次性插入多行数据，每条语句用一个分号结束。

【案例 4-4】向职称表 t_profetitle 中一次性插入 2 条记录。

```
INSERT INTO t_profetitle VALUES('Z006','实验师');
INSERT INTO t_profetitle VALUES('Z007','高级实验师');
```

也可以采用组合语句一次性插入多行数据。

【案例 4-5】向职称表 t_profetitle 中一次性插入 2 条记录。

```
INSERT INTO t_profetitle(profetitleno,profetitle)
VALUES('Z006','实验师'),('Z007','高级实验师');
```

4.1.5　修改数据语法

使用 SQL 语句修改数据的基本语法格式如下：

```
UPDATE  <表名>  SET  <字段名=值>  [WHERE <更新条件>]
```

语法说明如下。

① <字段名=值>为必选项，用于更新表中某列数据，在 SET 后面可以出现多个，需用逗号隔开。

② WHERE 关键字是可选项，用来设置限定条件，如果 UPDATE 语句不限定条件，则表中的所有数据行都将被更新。

4.1.6　修改表中特定行

1．修改一个字段值

【案例 4-6】将课程号为 "07081903" 的课程的学时改为 64。

```
UPDATE t_course SET coursehour=64 WHERE courseno='07081903';
```

2．修改多个字段值

【案例 4-7】将课程号为 "07081911" 的课程的学分改为 4，学时改为 96。

```
UPDATE t_course SET coursescore=4,coursehour=96 WHERE courseno='07081911';
```

注意：不要省略 WHERE 子句，在使用 UPDATE 语句时一定要细心，因为稍不注意就会更新表中的所有行。

4.1.7　修改表中所有行

UPDATE 语句中还可以使用表达式。

【案例 4-8】将成绩表 t_score 中所有成绩改为按 150 分计算。

```
UPDATE t_score SET score=score*1.5;
```

注意：在使用不带 WHERE 子句的 UPDATE 语句时一定要细心，因为执行该语句会更新表中的所有行。

4.1.8　删除数据语法

使用 DELETE 语句删除数据的基本语法格式如下：

```
DELETE  FROM  <表名>  [WHERE <删除条件>]
```

使用 TRUNCATE TABLE 语句删除数据的基本语法格式如下：

```
TRUNCATE TABLE  <表名>
```

4.1.9　删除表中特定行

【案例 4-9】删除学号为 "35092001024" 的学生的成绩信息。

```
DELETE FROM t_score WHERE stuno='35092001024';
```

注意：不要省略 WHERE 子句，在使用 DELETE 语句时一定要细心，因为稍不注意就会删除表中的所有行。

4.1.10 删除表中所有行

1. 使用 DELETE 语句删除所有行

【案例 4-10】使用 DELETE 语句删除成绩表 t_score 中的所有行。

```
DELETE FROM t_score;
```

注意：

① 在使用不带 WHERE 子句的 DELETE 语句时一定要细心，因为执行该语句会删除表中的所有行。

② 删除的是表的内容而不是表。DELETE 语句用于从表中删除行，甚至是删除表中的所有行。但是，执行 DELETE 语句不删除表本身。

2. 使用 TRUNCATE TABLE 语句删除所有行

【案例 4-11】使用 TRUNCATE TABLE 语句删除成绩表 t_score 中的所有行。

```
TRUNCATE TABLE t_score
```

注意：如果想从表中删除所有行，建议不要使用 DELETE 语句，可使用 TRUNCATE TABLE 语句，它们可以完成相同的工作，但 TRUNCATE TABLE 语句执行速度更快（TRUNCATE TABLE 语句的执行过程是删除原来的表并重新创建一个表，而不是逐行删除表中的数据）。

4.1.11 任务实施

1. 使用图形化管理工具 SQLyog 管理数据

① 启动 MySQL 客户端工具 SQLyog，在"stumandb"数据库下，右击需要操作数据的数据表，选择"打开表"命令，如图 4-1 所示。

图 4-1 选择"打开表"命令

② 在打开的表数据窗口中可以完成数据的增、删、改、查操作，如图 4-2 所示。

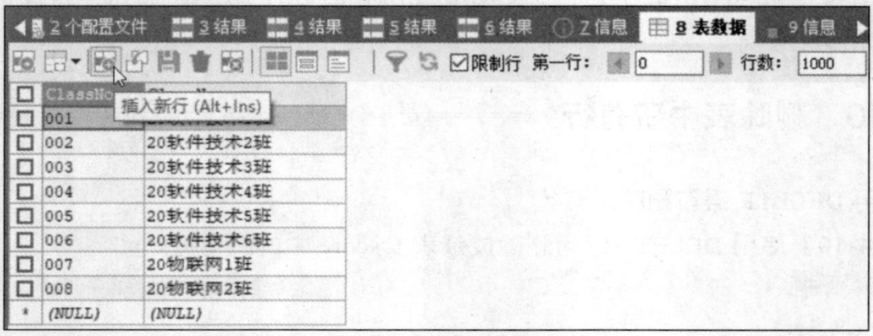

图 4-2　表数据窗口

2．使用 SQL 语句添加数据

向班级表 t_class 中插入一条记录：

```
INSERT INTO t_class(classno,classname) VALUES('009','20移动应用1班');
```

也可以不指定字段名，但值列表中值的顺序应与表中字段的顺序保持一致：

```
INSERT INTO t_class VALUES('009','20移动应用1班');
```

请参考附录 A 自行完成其他表中数据的添加。

3．使用 SQL 语句修改数据

修改宿舍号为"1001"的床位数量为 8：

```
UPDATE t_dorm SET d_bednum=8 WHERE d_id='1001';
```

4．使用 SQL 语句删除数据

当不需要数据表中的某些数据时，可以从数据表中删除数据。如果要从一个表中删除数据，可以使用 DELETE 语句。可以根据两种情况使用 DELETE 语句：删除表中的特定行和删除表中的所有行。

删除数据时需要注意，如果建立了表间的关联关系（外键约束），并且不允许级联删除的话，需要先删除主表对应的子表数据，才能删除主表的相关数据。在学生成绩管理系统数据库中，如果需要删除班级信息，则需要先删除与班级信息对应的学生信息，而学生信息对应成绩信息，如果需要删除学生信息，则需要先删除成绩信息；如果需要删除职称信息，则需要先删除与职称信息对应的教师信息；如果需要删除课程信息，则需要先删除与课程信息对应的成绩信息和教师任课信息；如果需要删除教师信息，则需要先删除与教师信息对应的教师任课信息。

删除学号为"35092001024"的学生的信息。

```
DELETE FROM t_students WHERE stuno='35092001024'
```

【任务小结】

本任务主要介绍了使用 SQLyog 界面添加数据和使用 SQL 语句添加数据、修改数据、删除数据的方法，其中，使用 SQL 语句操作数据是重点，希望大家牢记，并能够灵活运用。

4.1.12　知识拓展：在数据的增、删、改中使用 SELECT

1. 使用 INSERT INTO...SELECT...FROM 语句复制表数据

INSERT INTO...SELECT...FROM 语句用于快速地从一个或多个表中提取数据，并将这些数据作为行数据插入另一个表中。

SELECT 子句返回的是一个查询到的结果集，INSERT 语句将这个结果集插入指定表中，结果集中的每行数据的字段数、字段的数据类型都必须与被操作的表完全一致。

【案例 4-12】创建一个与 t_class 表结构相同的数据表 t_class_new。从 t_class 表中查询所有的记录，并将其插入 t_class_new 表中。

```
INSERT INTO t_class_new SELECT * FROM t_class;
```

2. UPDATE 和 SELECT 结合使用

【案例 4-13】将选修"C 语言程序设计基础"课程的学生的成绩统一加 5 分。

```
UPDATE t_score SET score=score+5
WHERE courseno IN (SELECT courseno FROM t_course WHERE coursename='C 语言程序
设计基础');
```

3. DELETE 和 SELECT 结合使用

【案例 4-14】删除"C 语言程序设计基础"课程的成绩信息。

```
DELETE FROM t_score
WHERE courseno IN (SELECT courseno FROM t_course WHERE coursename='C 语言程序
设计基础');
```

任务 4.2　单表查询

【任务描述】

根据需求从学生成绩管理系统数据库中的数据表中查询数据。

【任务分析】

查询分为单表查询、多表连接查询和子查询，本任务完成的是单表查询。

V4-3　基础查询

V4-4　排序与分组统计查询

4.2.1　查询的概念

查询将产生一个虚拟表，其中的数据是从数据库的现有表中过滤出来的，类似表的一个结构体，称为结果集。

例如，售票员查询从北京南到上海虹桥的车次，客户端会发送一条查询命令 SELECT * FROM TICKET;到数据库服务器，数据库服务器根据查询命令来查询符合条件的数据并返回到客户端。查询过程如图 4-3 所示。

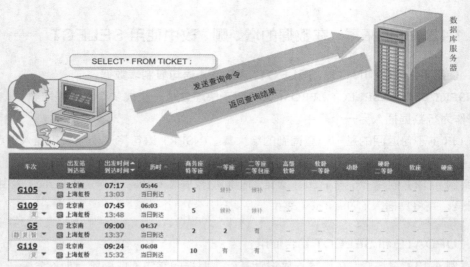

图 4-3　查询过程

4.2.2　单表查询语法

单表查询的基本语法格式如下：

```
SELECT      <字段名>
FROM        <表名>
[WHERE      <查询条件表达式>]
[ORDER BY   <排序字段>]
[GROUP BY   <字段列表>]
[HAVING <条件表达式>];
```

尖括号是不可以省略的选项，方括号是可以省略的选项，也就是说必须有 SELECT 和 FROM 子句。

4.2.3　基础查询

1．查询数据表中所有列

【案例 4-15】查询学生信息表 t_students 中所有列。

```
SELECT * FROM t_students;
```

或

```
SELECT stuno,stuname,stugender,stubirth,classno,d_id FROM t_students;
```

2．查询数据表中部分列

【案例 4-16】查询学生信息表 t_students 中学生的学号、姓名、性别。

```
SELECT stuno,stuname,stugender FROM t_students;
```

3．使用 WHERE 关键字查询部分行数据

【案例 4-17】查询学生信息表 t_students 中性别为"男"的学生的信息。

```
SELECT * FROM t_students WHERE stugender='男';
```

4. 为列改别名

【案例 4-18】查询学生信息表 t_students 中学生的学号、姓名、性别，并更改别名。

```
SELECT stuno AS '学号',stuname AS '姓名',stugender AS '性别' FROM t_students;
```

或

```
SELECT stuno '学号',stuname '姓名',stugender '性别' FROM t_students;
```

5. 使用 LIMIT 关键字查询表中限定行数

【案例 4-19】查询学生信息表 t_students 中的前 2 条记录。

```
SELECT * FROM t_students LIMIT 2;
```

【案例 4-20】查询学生信息表 t_students 中从第 4 条开始的 3 条记录。

```
SELECT * FROM t_students LIMIT 3,3;
```

或

```
SELECT * FROM t_students LIMIT 3 OFFSET 3;
```

6. 使用 DISTINCT 关键字屏蔽重复数据

【案例 4-21】查询课程表 t_course 中的课程性质。

```
SELECT DISTINCT coursenature FROM t_course;
```

7. 在查询条件中使用 IN 关键字

【案例 4-22】查询职称编号是 Z003 和 Z004 的教师的信息。

```
SELECT * FROM t_teachers WHERE profetitleno IN('Z003','Z004');
```

或

```
SELECT * FROM t_teachers WHERE profetitleno='Z003' OR profetitleno='Z004';
```

8. 在查询条件中使用 BETWEEN AND 关键字

【案例 4-23】查询成绩为 90 ~ 100（包括 90 和 100）的信息。

```
SELECT * FROM t_score WHERE score BETWEEN 90 AND 100;
```

或

```
SELECT * FROM t_score WHERE score>=90 AND score<=100;
```

9. 模糊查询

查询时，字段中的内容并不一定要与查询条件完全匹配，只要字段中含有这些内容即可。

【案例 4-24】查询所有姓"张"的学生的信息。

```
SELECT * FROM t_students WHERE stuname LIKE '张%';
```

【案例 4-25】查询所有课程名中包括"数据库"的课程信息。

```
SELECT * FROM t_course WHERE coursename LIKE '%数据库%';
```

【案例 4-26】查询所有姓"张"的名字中包含 2 个字的学生的信息。

```
SELECT * FROM t_students WHERE stuname LIKE '张_';
```

4.2.4 排序查询

1. 按单个字段排序

【案例 4-27】查询所有学生信息，并按照班级编号升序排序。

```
SELECT * FROM t_students ORDER BY classno ASC;
```

其中 ASC 可以省略，默认是升序排序。

【案例 4-28】查询所有学生信息，并按照年龄降序排序。

```
SELECT * FROM t_students ORDER BY stubirth ASC;
```

按照年龄降序排序，实际是按照出生日期升序排序。

2. 按多个字段排序

【案例 4-29】查询所有学生信息，先按照班级编号升序排序，然后按照学号升序排序。

```
SELECT * FROM t_students ORDER BY classno ASC,stuno ASC;
```

4.2.5　分组统计查询

在查询数据时，大部分情况下都不需要把明细数据展示出来，而是结合业务需求，把数据聚合成能直接使用的数据。在 MySQL 中，可以使用聚合函数和分组统计来实现分组统计查询。

1. 聚合函数

聚合函数是指对一组值执行计算并返回单一值的函数，它们通常与 GROUP BY 子句一起使用，将数据集分组为子集。MySQL 提供了许多聚合函数，下面通过示例介绍最常用的 5个聚合函数：SUM（总和）、AVG（平均值）、MAX（最大值）、MIN（最小值）和 COUNT（总个数）。

【案例 4-30】查询学号为"35091903024"的学生的总分。

```
SELECT SUM(score) AS 总分 FROM t_score WHERE stuno='35091903024';
```

【案例 4-31】查询学号为"35091903024"的学生的平均分。

```
SELECT AVG(score) AS 平均分 FROM t_score WHERE stuno='35091903024';
```

【案例 4-32】查询学号为"35091903024"的学生的最高分。

```
SELECT MAX(score) AS 最高分 FROM t_score WHERE stuno='35091903024';
```

【案例 4-33】查询学号为"35091903024"的学生的最低分。

```
SELECT MIN(score) AS 最低分 FROM t_score WHERE stuno='35091903024';
```

【案例 4-34】统计班级编号为"001"的学生人数。

```
SELECT COUNT(*) AS 人数 FROM t_students WHERE classno='001';
```

COUNT(表达式)用于返回结果集的非空行数，其中"表达式"可以是"*"和"字段名"。COUNT(*)表示返回表中所有非空行数。

【案例 4-35】统计班级编号为"001"的出生日期不为空的学生人数。

```
SELECT COUNT(stubirth) AS 人数 FROM t_students WHERE classno='001';
```

2. 分组统计

【案例 4-36】统计每个班级的人数。

```
SELECT classno AS 班级,COUNT(*) AS 人数 FROM t_students GROUP BY classno;
```

【案例 4-37】统计每个班级的男女生人数。

```
SELECT classno AS 班级,stugender AS 性别,COUNT(*) AS 人数 FROM t_students GROUP
BY classno,stugender;
```

3. 使用 HAVING 子句

【案例 4-38】统计至少有两门课程成绩在 90 分以上的学号及 90 分以上的课程数。

```
SELECT stuno,COUNT(*) FROM t_score WHERE score>90
GROUP BY stuno HAVING COUNT(*)>=2;
```

【案例 4-39】查询成绩表 t_score 中不及格人数超过 10 人的课程。

```
SELECT courseno AS 课程号,COUNT(*) AS 人数 FROM t_score WHERE score<60
GROUP BY courseno HAVING COUNT(*)>10;
```

WHERE 子句、GROUP BY 子句和 HAVING 子句的区别如下。

- WHERE 子句：分组之前使用，从数据源中去掉不符合其查询条件的数据。
- GROUP BY 子句：搜集数据行到各个组中，使用聚合函数为各个组计算统计值。
- HAVING 子句：分组之后使用，去掉不符合其查询条件的各组数据。

4.2.6 任务实施

① 统计每个学生的总分，并按总分降序排序：

```
SELECT stuno,SUM(score)
FROM t_score
GROUP BY stuno
ORDER BY SUM(score) DESC;
```

② 统计每门课程的平均分：

```
SELECT courseno,AVG(score)
FROM t_score
GROUP BY courseno;
```

【任务小结】

本任务主要介绍了如何使用 SELECT 查询，包括基础查询、模糊查询以及排序查询，这是使用 SQL 语句操作查询的重点，希望大家牢记，并灵活运用。

4.2.7 知识拓展：通配符和正则表达式

1. 在查询中使用通配符

通配符是用来匹配值的一部分的特殊字符。

通配符本身实际是 SQL 的 WHERE 子句中有特殊含义的字符，SQL 支持多种通配符。

为在搜索子句中使用通配符，必须使用 LIKE 关键字。LIKE 用于指示 MySQL，其后的搜索模式利用通配符匹配而不是直接进行相等匹配。

（1）%通配符

经常使用的通配符是%。在查询条件中，%表示任何字符出现任意次数。

例如：'jet%'表示以 jet 开头的词，'%jet%'表示包含 jet 的词。

（2）_通配符

_的用途与%的相似，但_只匹配单个字符而不是多个字符。

例如：'_红'表示第二个字符是红，并且只有 2 个字符的字符串。

2．正则表达式

通常情况下用匹配、比较和通配符查询数据，对于基本的查询（甚至是某些不那么基本的查询），这样就足够了。但随着查询条件复杂性的增加，WHERE 子句本身的复杂性也会增加。

正则表达式是用来匹配文本的特殊字符串（字符集合）。如果想从一个文本文件中提取电话号码，可以使用正则表达式；如果需要查找名字中间有数字的所有文件，可以使用正则表达式；如果想在一个文本文件中找到所有重复的单词，可以使用正则表达式；如果想替换一个页面中的所有 URL（Uniform Resource Locator，统一资源定位符）为这些 URL 的实际HTML（Hypertext Markup Language，超文本标记语言）链接，也可以使用正则表达式。几乎所有种类的程序设计语言、文本编辑器、操作系统等都支持正则表达式。

MySQL 中使用 REGEXP 操作符来进行正则表达式匹配。MySQL 正则表达式符号如表 4-1 所示。

表 4-1　MySQL 正则表达式符号

符号	描述
^	匹配输入字符串的开始位置。如果设置了 REGEXP 对象的 Multiline 属性，^也匹配'\n'或'\r'之后的位置
$	匹配输入字符串的结束位置。如果设置了 REGEXP 对象的 Multiline 属性，$也匹配'\n'或'\r'之前的位置
.	匹配除"\n"之外的任何单个字符。要匹配包括'\n'在内的任何字符，请使用类似'[.\n]'的模式
[...]	字符集合。匹配所包含的任意一个字符。例如，'[abc]'可以匹配"plain"中的'a'
[^...]	负值字符集合。匹配未包含的任意字符。例如，'[^abc]'可以匹配"plain"中的'p'
p1|p2|p3	匹配 p1 或 p2 或 p3。例如，'z|food'能匹配"z"或"food"，'(z|f)ood'能匹配"zood"或"food"
*	匹配前面的子表达式 0 次或多次。例如，zo*能匹配"z"或"zoo"。*等价于{0,}
+	匹配前面的子表达式一次或多次。例如，'zo+'能匹配"zo"或"zoo"，但不能匹配"z"。+等价于{1,}
{n}	n 是一个非负整数。匹配确定的 n 次。例如，'o{2}'不能匹配"Bob"中的'o'，但是能匹配"food"中的'oo'
{n,m}	n 和 m 均为非负整数，其中 n≤m。最少匹配 n 次且最多匹配 m 次

了解以上的正则表达式后，我们就可以根据自己的需求来编写带有正则表达式的 SQL 语句。以下列出几个小实例。

① 查找 stuname 字段中以'st'开头的所有数据。
```
SELECT stuname FROM t_students WHERE stuname REGEXP '^st';
```
② 查找 stuname 字段中以'ok'结尾的所有数据。
```
SELECT stuname FROM t_students WHERE stuname REGEXP 'ok$';
```
③ 查找 stuname 字段中包含'mar'的所有数据。
```
SELECT stuname FROM t_students WHERE stuname REGEXP 'mar';
```
④ 查找 stuname 字段中以元音字符开头或以'ok'结尾的所有数据。
```
SELECT stuname FROM t_students WHERE stuname REGEXP '^[aeiou]|ok$';
```

任务 4.3　多表连接查询

【任务描述】

在学生成绩管理系统数据库中查询学生的基本信息及对应的成绩信息。

【任务分析】

V4-5　多表
连接查询

学生成绩管理系统数据库中，学生的基本信息存储在学生表中，学生的成绩信息存储在成绩表中，课程信息存储在课程表中，如果要查找学生的基本信息、学生的选课信息及成绩信息，就要用到这 3 张表，并需要用多表连接查询实现。

MySQL 中常用的多表连接查询有交叉连接、内连接、外连接。接下来将针对不同的多表连接查询进行详细讲解。

4.3.1　交叉连接

交叉连接用于返回参与连接的表中所有记录的笛卡尔积，结果集的记录条数是参与连接的两个表记录条数的乘积。

交叉连接的基本语法格式如下：

```
SELECT  表 1 的字段列表,表 2 的字段列表
FROM  表 1  CROSS  JOIN  表 2
```

注意：交叉连接不带有连接条件。

【案例 4-40】 查看学生表与成绩表的笛卡尔积。

```
SELECT  stuno,stuname,courseno,coursename
FROM  t_students  CROSS  JOIN t_course;
```

4.3.2　内连接

内连接是指查询结果中返回多个表中完全符合连接条件的记录，是使用频率非常高的多表连接查询方式。

内连接的基本语法格式如下：

```
SELECT <字段名>
FROM 表 1  INNER  JOIN  表 2
ON 表 1.字段名  条件运算符  表 2.字段名
[WHERE 条件]
[ORDER BY  排序列]
```

注意：

① "ON 表 1.字段名　条件运算符　表 2.字段名"中，常用的条件运算符是=。

② 表 1.字段名和表 2.字段名，分别是两个表的公共字段。

【案例 4-41】 查询学生的基本信息及对应的成绩信息。

```
SELECT t_students.stuno,stuname,courseno,score
FROM t_score INNER JOIN t_students
ON t_students.stuno=t_score.stuno;
```

或

```
SELECT t_students.stuno,stuname,courseno,score
FROM t_score,t_students
WHERE t_students.stuno=t_score.stuno;
```

注意：当查询的字段在参与连接的多表中重名时，要加上表名。

4.3.3 外连接

在数据查询的过程中，有时需要从多个表中查询数据，且希望参与连接的一个或两个表中的数据即使不满足连接条件，也显示在查询结果中，这时需要使用外连接。

外连接分左外连接（Left Outer Join）、右外连接（Right Outer Join）、完全外连接（Full Outer Join）。

外连接的基本语法格式如下：

```
SELECT <字段名>
FROM 表1 LEFT | RIGHT | FULL [OUTER] JOIN 表2
ON 连接条件
[WHERE 条件]
[ORDER BY 排序字段]
```

注意：

① 左外连接结果集中包括 JOIN 左侧表中的所有记录，以及 JOIN 右侧表中满足连接条件的记录。

② 右外连接结果集中包括 JOIN 右侧表中的所有记录，以及 JOIN 左侧表中满足连接条件的记录。

【案例 4-42】查询所有学生的基本信息及其成绩信息，包括没有选修课程的学生。

```
SELECT t_students.stuno,stuname,courseno,score
FROM t_students LEFT JOIN t_score
ON t_students.stuno=t_score.stuno;
```

外连接也可以使用下面的写法实现：

```
SELECT t_students.stuno,stuname,courseno,score
FROM t_score RIGHT JOIN t_students
ON t_students.stuno=t_score.stuno;
```

4.3.4 任务实施

查询学生的成绩信息，包括学生的班级、课程的课程名称及成绩等。

```
SELECT t_students.stuno,stuname,stugender,stubirth, t_students.classno,
classname,t_course.courseno,score
FROM t_students
INNER JOIN t_class ON t_students.classno=t_class.classno
INNER JOIN t_score ON t_students.stuno=t_score.stuno
INNER JOIN t_course ON t_course.courseno=t_score.courseno;
```

或

```
    SELECT t_students.stuno,stuname,stugender,stubirth, t_students.classno,
classname,t_course.courseno,score
    FROM t_students,t_class,t_course,t_score
    WHERE t_students.classno=t_class.classno AND t_students.stuno=t_score.stuno
AND t_course.courseno=t_score.courseno;
```

【任务小结】

本任务主要介绍了使用 SQL 语句对数据进行多表连接查询，这是使用 SQL 语句操作查询的重点和难点，要理解内连接和外连接的区别，希望大家多练习并灵活应用。

4.3.5　知识拓展：自连接

自连接是指将一个表与其自身进行连接，是内连接的一种特殊情况，查询结果中的记录也要完全符合连接条件。

自连接的基本语法格式如下：

```
SELECT      别名 1.表的字段列表,别名 2.表的字段列表
FROM   表 AS 别名 1   [INNER] JOIN 表 AS 别名 2
ON    连接条件
WHERE   检索条件
```

注意：自连接中需要给表起别名以示区别，所有字段名都要加上别名前缀。

【案例 4-43】对学号为"35092005060"的学生和与其同名的学生的学号、姓名、性别、班级进行查询。

```
    SELECT  a.stuno,a.stuname,a.stugender, a.classno,b.stuno,b.stuname,b.
stugender,b.classno
    FROM t_students  AS a JOIN t_students  AS b
    ON  a.stuname=b.stuname
    WHERE a.stuno ='35092005060'   AND b.stuno<>'35092005060';
```

【案例 4-44】查询学号为"35091903024""35092001007"两名学生共同选修的课程的成绩。

```
    SELECT a.stuno,a.courseno,a.score,b.stuno,b.courseno,b.score
    FROM  t_score AS a JOIN t_score  AS b
    ON  a.courseno=b.courseno
    WHERE a.stuno ='35091903024' AND b.stuno ='35092001007';
```

任务 4.4　子查询

【任务描述】

使用子查询完成各种复杂的查询操作。

【任务分析】

在查询数据，且需要借助另外一个查询完成的时候，可以使用子查询。

V4-6　子查询

4.4.1　子查询概述

子查询可以理解为，在一条 SQL 语句 A（SELECT、INSERT、UPDATE、DELETE）中嵌入一条查询语句 B，作为执行的条件或查询的数据源（代替 FROM 后的数据表），语句 B 就是子查询语句，它是一条完整的 SELECT 语句，能够独立执行。

注意：

① 子查询必须写在圆括号中。

② 子查询的执行顺序是由里向外执行。

③ 子查询通常作为条件嵌套在主查询的 WHERE 或 HAVING 子句中。

4.4.2　子查询分类

按子查询的功能划分，子查询可以分为标量子查询、列子查询、行子查询和表子查询。

按子查询出现的位置划分，子查询可以分为 WHERE 子查询和 FROM 子查询。

标量子查询、列子查询和行子查询都属于 WHERE 子查询，表子查询属于 FROM 子查询。

1. 标量子查询

标量子查询返回的结果是一个数据，即一行一列。

其语法格式如下：

```
WHERE 条件判断 {=|<>}
(SELECT 字段名 FROM 数据源[WHERE] [GROUP BY] [HAVING] [ORDER BY] [LIMIT]);
```

注意：

① 标量子查询利用比较运算符=或<>，判断子查询语句返回的数据是否与指定的条件相等或不等，然后根据比较结果完成相关的操作。

② 数据源表示一个符合二维表结构的数据，如数据表。

【案例 4-45】查询"20 软件技术 1 班"的学生的信息。

```
SELECT *
FROM t_students
WHERE classnO=(SELECT classno
          FROM t_class
          WHERE classname='20 软件技术 1 班');
```

2. 列子查询

列子查询返回的结果是一个字段中符合条件的所有数据，即一列多行。

其语法格式如下：

```
WHERE 条件判断 {IN()|NOT IN()}
(SELECT 字段名 FROM 数据源[WHERE] [GROUP BY] [HAVING] [ORDER BY] [LIMIT]);
```

注意：列子查询利用比较运算函数 IN()或 NOT IN()，判断符合指定条件的数据是否在子查询语句返回的结果集中，然后根据比较结果完成相关的操作。

【案例 4-46】查询选修了"07081911"课程号的学生的学号、姓名。

```
SELECT stuno,stuname
FROM t_students
WHERE stuno IN
     (SELECT stuno
      FROM t_course
      WHERE courseno = '07081911');
```

3．行子查询

行子查询返回的结果是一条包含多个字段的记录，即一行多列。

其语法格式如下：

```
WHERE (指定字段名 1,指定字段名 2…) =
(SELECT 字段名 1,字段名 2…FROM 数据源[WHERE] [GROUP BY]
[HAVING] [ORDER BY] [LIMIT]);
```

注意：

① 行子查询将记录与指定的条件进行比较，通常使用比较运算符=。

② 行子查询的结果必须全部与指定的字段相等才满足 WHERE 指定的条件。

【案例 4-47】查询和年龄最大的学生同性别、同出生日期的学生的信息。

```
SELECT *
FROM t_students
WHERE (stugender,stubirth) =
(SELECT stugender,stubirth FROM t_students
ORDER BY stubirth ASC LIMIT 1);
```

4．表子查询

表子查询是指子查询返回的结果集是 N 行 N 列的一个表数据。

其语法格式如下：

```
SELECT 字段列表 FROM 数据源 [AS]别名
[WHERE] [GROUP BY] [HAVING] [ORDER BY] [LIMIT];
```

注意：

① FROM 后的数据源都是表名。

② 当数据源是子查询时必须为其设置别名，也是为了将查询结果作为一个表使用时，可以进行条件判断、分组、排序以及限定行数等操作。

【案例 4-48】查询每个班中年龄最小的学生的学号、姓名和班级号。

```
SELECT a.stuno,a.stuname,a.classno FROM t_students a,
   (SELECT classno,MAX(stubirth) AS max_stubirth
    FROM t_students
    GROUP BY classno
    ) b
WHERE a.classno=b.classno AND a.stubirth=b.max_stubirth;
```

4.4.3　子查询关键字

在 WHERE 子查询中，不仅可以使用比较运算符，还可以使用 MySQL 提供的一些特定关键字，如前文讲解过的 IN。

常用的子查询关键字还有 EXISTS、ANY 和 ALL。

【案例 4-49】查询选修了"C 语言程序设计基础"课程的学生信息。

```
SELECT *
FROM t_students
WHERE  EXISTS
 (
    SELECT * FROM t_course,t_score
    WHERE stuno=t_students.stuno
    AND t_score.courseno=t_course.courseno
    AND coursename="C 语言程序设计基础"
);
```

【案例 4-50】查询 001 班中出生日期大于 002 班任何一个学生的学生信息。

```
SELECT * FROM t_students WHERE classno='001' AND stubirth
> ANY (SELECT stubirth FROM t_students WHERE classno='002');
```

或

```
SELECT * FROM t_students WHERE classno='001'
AND stubirth > (SELECT MIN(stubirth)
            FROM t_students WHERE classno='002');
```

【案例 4-51】查询 001 班中出生日期大于 002 班所有人的学生信息。

```
SELECT * FROM t_students WHERE classno='001' AND stubirth
> ALL (SELECT stubirth FROM t_students WHERE classno='002');
```

或

```
SELECT * FROM t_students WHERE classno='001'
AND stubirth > (SELECT MAX(stubirth)
            FROM t_students WHERE classno='002');
```

4.4.4　任务实施

查询未选修"SQL Server 数据库"课程的学生的学号、姓名。

```
SELECT stuno,stuname
FROM t_students
WHERE stuno NOT IN
    (SELECT stuno
     FROM t_score
     WHERE courseno IN
        ( SELECT courseno
          FROM t_course
          WHERE coursename = 'SQL Server 数据库'
        )
);
```

【任务小结】

本任务主要介绍了各种子查询的使用方法，建议能用多表连接查询的就不用子查询，因为多表连接查询的性能比子查询的性能好。

至此，我们学习完了所有的查询，可以说查询是 SQL 语句的重点也是难点，希望大家多练习，并灵活应用。

4.4.5 知识拓展：UNION 操作符

UNION 操作符用于连接两条以上的 SELECT 语句，将其结果组合到一个结果集中，并删除重复的数据。

UNION 操作符的语法格式如下：

```
SELECT expression1, expression2, ..., expressionn
FROM tables
[WHERE conditions]
UNION [ALL | DISTINCT]
SELECT expression1, expression2, ..., expressionn
FROM tables
[WHERE conditions];
```

语法说明如下。

① expression1, expression2, …, expressionn：要检索的列。

② tables：要检索的数据表。

③ WHERE conditions：可选，检索条件。

④ DISTINCT：可选，删除结果集中重复的数据。默认情况下 UNION 操作符已经删除了重复数据，所以 DISTINCT 关键字对结果集没有影响。

⑤ ALL：可选，返回所有结果集，包含重复数据。

【案例 4-52】查找学生的学号、姓名以及教师的教师编号、姓名。

```
SELECT stuno,stuname
FROM t_students
UNION
SELECT teano,teaname
FROM t_teachers
```

项目总结

本项目介绍了使用 SQL 语句实现添加、修改、删除数据的方法，也介绍了使用 SQL 语句实现单表查询、多表连接查询以及子查询的方法。这是 SQL 语句中的重点也是难点，希望大家多练习并灵活应用。

项目实战

使用 SQL 语句完成网上订餐系统数据库 onlineordsysdb 的数据操作。

1. 向各表中插入数据。

2. 删除菜单表中菜品编号为"m000001002"的菜品信息。

3. 修改送餐员工表中员工编号为"S1000001"的送餐员工的联系方式为"18132568963"。

4. 查询所有的菜品种类信息。

5. 查询在 2021 年入会的用户信息。

6. 查询手机号为"13013331333"的用户的订单信息。

7. 查询所有的菜单信息及对应的菜单种类名称。

8. 统计员工编号为"S1000001"的员工在 2021 年 3 月送餐订单数量。

9. 统计每月送餐订单数量最大的员工的信息。

10. 统计各个用户的消费记录，并按照总消费额降序排序。

习题训练

一、选择题

1. （多选）数据操纵语言包括（   ）。

    A. SELECT   B. INSERT

    C. UPDATE   D. DELETE

2. 对于插入数据操作，下面说法错误的是（   ）。

    A. 向数据表的部分字段中插入数据，值列表必须与字段名的次序一一对应，但字段名的次序与表中字段定义的次序可以不相同

    B. VALUES 子句中所有字符型数据都要用双引号标注

    C. 如果在字段名中已列出，但值列表中遗漏了一列没有赋值，则将出现数目不一致的错误

    D. 如果值列表中的一列只写单引号而不写内容，则插入后的值也没有任何内容

3. 下列语句正确的是（   ）。

    A. WHERE NAME NULL   B. WHERE NAME IS NULL

    C. WHERE NAME=NULL   D. WHERE NAME ==NULL

4. 下列关于 DROP、TRUNCATE 和 DELETE 的描述中，正确的是（   ）。

    A. 三者都能删除数据表的结构

    B. 三者都只删除数据表中的数据

    C. DROP、TRUNCATE 是用来删除表结构的

    D. TRUNCATE 和 DELETE 是用来删除数据的

5. 如果要删除 information 表中 NO 字段为"0001"的记录，则可以使用（   ）。

    A. DELETE FROM information WHERE NO='0001'

    B. UPDATE TABLE information WHERE NO='0001'

    C. DROP TABLE information WHERE NO='0001'

    D. ALTER TABLE information WHERE NO='0001'

6. 更新表中的数据使用的是（   ）。

    A. TRUNCATE   B. INSERT

    C. UPDATE   D. ALTER

7. 学生成绩表 grade 中有字段 score（FLOAT 类型），现在要把所有在 55 分至 60 分的分数提高 5 分，以下 SQL 语句正确的是（   ）。

    A. UPDATE grade SET score=score+5

    B. UPDATE grade SET score=score+5 WHERE score=55 OR score =60

    C. UPDATE grade SET score=score+5 WHERE score BETWEEN 55 AND 60

    D. UPDATE grade SET score=score+5 WHERE score =55 AND score =60

8. 使用关键字（   ）可以把查询结果中的重复行屏蔽。

    A. DISTINCT   B. UNION

    C. ALL   D. TOP

9. SELECT 学号=sno,姓名=sname FROM   s   WHERE class='软件 1501' 表示（   ）。

    A. 查询 s 表中软件 1501 班学生的学号、姓名

    B. 查询 s 表中软件 1501 班学生的所有信息

    C. 查询 s 表中学生的学号、姓名

    D. 查询 s 表中的所有记录

10. 与 WHERE G BETWEEN 60 AND 100 语句等价的子句是（   ）。

    A. WHERE   G>60 AND G<100   B. WHERE   G>=60 AND G<100

    C. WHERE   G>60 OR G< = 100   D. WHERE   G>=60 OR G<=100

11. 可以使用（   ）关键字来限制返回的数据行数。

    A. LIMIT   B. TOP

    C. COUNT   D. SUM

12. 查找 student 表中所有电话号码（字段名：telephone）中的第 1 位为 8 或 6，第 3 位为 0 的电话号码的语句是（   ）。

    A. SELECT telephone FROM student WHERE telephone LIKE '[8,6]%0*'

    B. SELECT telephone FROM student WHERE telephone LIKE '(8,6)*0%'

    C. SELECT telephone FROM student WHERE telephone LIKE '[8,6]_0%'

    D. SELECT telephone FROM student WHERE telephone LIKE '[8,6]_0*'

13. 条件 WHERE   DEPT LIKE   '[CS]her%y'将筛选出以下（   ）值。

    A. Csherry   B. Sherriey

    C. Chers   D. [CS]Herry

14. SELECT sno,AVG(score) AS '平均成绩' FROM sc GROUP BY sno HAVING AVG (score)>=85 表示（   ）。

    A. 查找 sc 表中平均成绩在 85 分以上的学生的学号和平均成绩

    B. 查找平均成绩在 85 分以上的学生

    C. 查找 sc 表中各科成绩在 85 分以上的学生

    D. 查找 sc 表中各科成绩在 85 分以上的学生的学号和平均成绩

15. 表示职称为"副教授"，同时性别为"男"的表达式为（　　　）。

    A．职称='副教授' OR 性别='男'   B．职称='副教授' AND 性别='男'

    C．BETWEEN '副教授' AND '男'   D．IN ('副教授','男')

16. 在 SQL 中，子查询是（　　　）。

    A．选取单表中字段子集的查询语句

    B．选取多表中字段子集的查询语句

    C．返回单表中数据子集的查询语句

    D．嵌入另一个查询语句之中的查询语句

17. 下列选项中，（　　　）不属于连接种类。

    A．左外连接   B．内连接

    C．中间连接   D．交叉连接

18. 以下聚合函数中用于求数据总和的是（　　　）。

    A．MAX   B．SUM

    C．COUNT   D．AVG

19. 以下选项中表示内连接的是（　　　）。

    A．JOIN   B．RIGHT JOIN

    C．LEFT JOIN   D．INNER JOIN

20. 下列对模糊查询的说法中不正确的是（　　　）。

    A．使用关键字 LIKE   B．匹配多个字符使用%

    C．匹配多个字符使用_   D．匹配单个字符使用_

二、判断题

1. 一条 INSERT 语句只能插入一条数据。（　　　）

2. 修改数据时若未带 WHERE 子句，则表中对应的字段都会被改为一个值。（　　　）

3. 一条 UPDATE 语句一次只能修改一个字段的值。（　　　）

4. 删除数据时若未带 WHERE 子句，则会将表中所有的数据删除。（　　　）

5. 查询数据时，默认根据 ORDER BY 指定的字段进行降序排序。（　　　）

6. "LIMIT 5"中的 5 表示偏移量，用于设置从哪条记录开始。（　　　）

7. 在 SELECT 语句中查询条件必须有。（　　　）

三、简答题

1. 简述使用 DELETE 和 TRUNCATE TABLE 删除数据的区别。

2. 简述 WHERE 和 HAVING 的区别。

3. 简述内连接和外连接的区别。

项目5

使用视图和索引优化学生成绩管理系统数据

05

项目描述

在前面的项目中，我们学习了管理数据库、管理数据表以及数据的添加、删除、修改、查询操作。在查找过程中，为了快速地在大量数据中找到指定的数据，可以使用 MySQL 的索引功能，让用户在执行查询操作时可以根据字段中建立的索引，快速地定位到具体位置。在数据库中，除了有真实存在的表，还有一种虚拟表，称为视图。本项目主要介绍视图和索引的相关操作。

通过对本项目的学习，学生能够有效、灵活地管理多个数据表、简化数据操作、提高数据的安全性，从而增强数据管理的规范意识、安全意识。

学习目标

知识目标

① 掌握创建视图的方法。

② 掌握查看视图的方法。

③ 掌握修改视图的方法。

④ 掌握删除视图的方法。

⑤ 熟练掌握使用视图更新基本表数据的方法。

⑥ 掌握索引的作用、定义和分类。

⑦ 掌握索引的使用原则。

⑧ 掌握各种索引的创建方法。

⑨ 掌握查看索引和删除索引的方法。

技能目标

① 能够根据实际情况合理地创建视图，使用视图更新数据。

② 能够根据实际情况创建索引，优化数据库，并查看索引和删除索引。

素养目标

① 培养运用正确的方法和手段解决问题的能力。

② 正确、合理地运用检索，在大数据环境下树立爱国敬业的理想情怀。

任务 5.1 管理视图

【任务描述】

在学生成绩管理系统数据库中创建、管理、更新和删除视图。

V5-1 创建视图

V5-2 查看与修改视图

V5-3 删除视图

【任务分析】

在 stumandb 数据库中分别使用 SQLyog 工具和 SQL 语句完成视图的创建、查看、修改和删除操作，完成使用视图更新 stumandb 数据库中数据表数据的操作。

5.1.1 视图概述

视图（View）是一种虚拟表，与真实表一样，视图也由列和行构成，但视图并不实际存在于数据库中。其行和列的数据来自定义视图的查询中所使用的表，并且是在使用视图时动态生成的。

数据库中只存放视图的定义，并没有存放视图中的数据，这些数据都存放在定义视图的查询所引用的真实表中。视图中的数据依赖于真实表中的数据，一旦真实表中的数据发生改变，显示在视图中的数据也会发生改变。

视图与表在本质上虽然不相同，但视图经过定义以后，结构形式和表一样，可以进行查询、修改、更新和删除等操作。同时，视图具有以下优点。

（1）定制用户数据

在实际的应用过程中，不同的用户可能对不同的数据有不同的需求。

例如：当学生信息表、课程信息表和教师授课表等多张表同时存在时，可以根据需求让不同的用户使用各自的数据。学生使用可查看、修改自己基本信息的视图，教务处人员使用可查看、修改课程信息和教师信息的视图，教师使用可查看学生信息和课程信息的视图。

（2）简化数据操作

视图可以简化用户对数据的操作，在使用查询时，很多时候要使用聚合函数，可能还需要关联其他表，如果这个动作频繁发生的话，可以通过创建视图来简化操作。

（3）提高数据的安全性

视图可以作为一种安全机制。视图是虚拟的，物理上是不存在的。可以只授予用户使用视图的权限，而不授予其使用具体表的权限，以保护基础数据的安全。

（4）共享所需数据

通过使用视图，每个用户不必都定义和存储自己所需的数据，可以共享数据库中的数据，同样的数据只需要存储一次。

（5）重用 SQL 语句

视图提供的是对查询操作的封装，本身不包含数据，所呈现的数据是根据视图定义从基础表中检索出来的，如果基础表的数据新增或删除，视图呈现的则是更新后的数据。视图定义后，编写完所需的查询语句，可以方便地重用该视图。

5.1.2 创建视图

1. 创建普通视图

创建普通视图的语法格式如下：

```
CREATE [ALGOTITHM={UNDEFINED|MERGE|TEMPTABLE}]VIEW
 view_name[{column_list}]
AS
Select_statement
[WITH [CASCADED|LOCAL] CHECK OPTION]
```

语法说明如下。

① CREATE：创建视图关键字。

② ALGOTITHM：可选，表示视图选择的算法。

③ UNDEFINED：表示 MySQL 将自动选择所要使用的算法。

④ MERGE：表示将使用视图的语句与视图定义合并起来，使得视图定义的某一部分取代使用视图的对应部分语句。

⑤ TEMPTABLE：表示将视图的结果存入临时表，然后使用临时表执行语句。

⑥ view_name：表示要创建的视图名称。

⑦ column_list：可选，表示字段列表。

⑧ WITH CHECK OPTION：可选，表示创建视图时要保证在该视图的权限范围之内。

⑨ CASCADED：可选，表示创建视图时需要满足与该视图有关的所有相关视图和表定义的条件，该参数为默认值。

⑩ LOCAL：可选，表示创建视图时，只要满足该视图本身定义的条件即可。

2. 创建多表关联视图

创建多表关联视图的方法和创建单表视图的方法相同，只需要我们在编写 SQL 语句时，使用多表连接查询即可。

【案例 5-1】创建视图 view_studetails，查询学生的详细信息，如学号、姓名、班级。

我们通过分析可以得知"学号""姓名"两个字段在 t_students 表中，"班级"字段在 t_class 表中，所以要创建多表关联视图，代码如下：

```
CREATE VIEW view_studetails(学号,姓名,班级)
AS
SELECT t_students.stuno,t_students.stuname,t_class.classname
FROM t_students JOIN t_class ON t_students.classno=t_class.classno;
```

执行上述代码，创建视图成功，如图 5-1 所示。

用户可以使用 SELECT 语句查看视图中的数据，代码如下：

```
SELECT * FROM view_studetails;
```

执行结果如图 5-2 所示，显示的是学生的学号、姓名和班级。

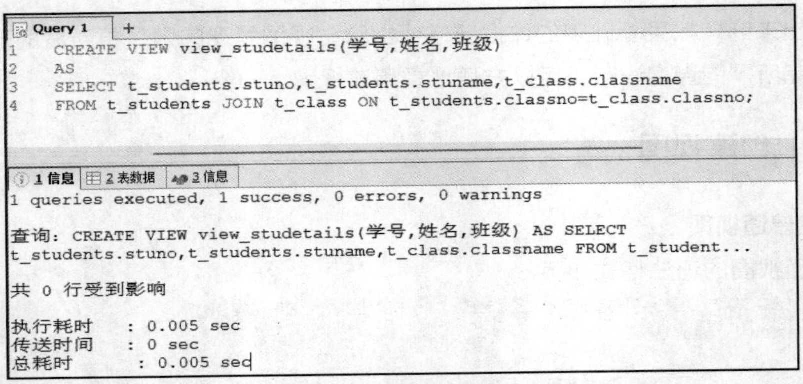

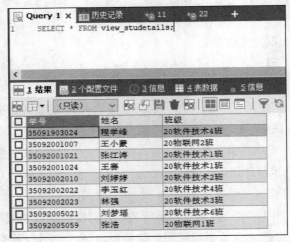

图 5-1　使用 SQL 语句创建多表关联视图

图 5-2　查询视图 view_studetails 的结果集

5.1.3　查看视图

1.　使用 SHOW TABLE STATUS 语句查看视图

其基本语法格式如下：

```
SHOW TABLE STATUS LIKE '视图名'
```

2.　使用 DESCRIBE 语句查看视图

使用 DESCRIBE 语句可以查看视图的字段信息，其中包括字段名、字段类型等信息。其基本语法格式如下：

```
DESCRIBE 视图名;
```

或简写为

```
DESC 视图名;
```

【案例 5-2】使用 DESCRIBE 语句查看 view_studetails 视图的结构信息。

代码如下：

```
DESCRIBE view_studetails;
```

执行结果如图 5-3 所示。

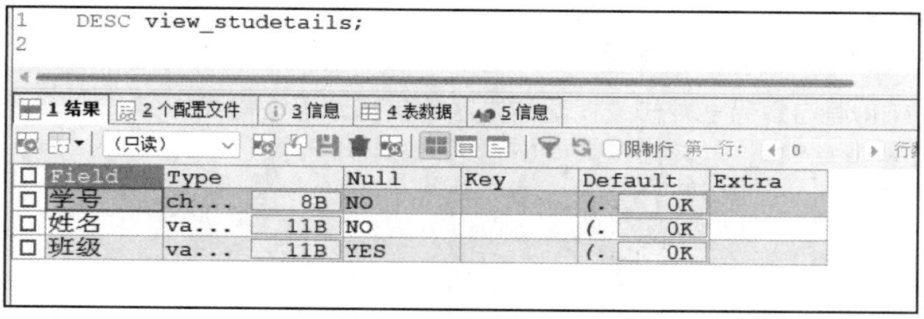

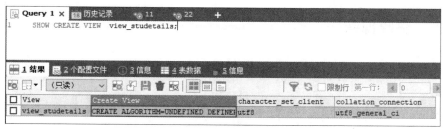

图 5-3　查询 view_studetails 视图的结构信息

执行结果显示了视图的字段定义、字段的数据类型、是否为空、是否为主/外键、默认值和其他信息。

3. 使用 SHOW CREATE VIEW 语句查看视图

使用 SHOW CREATE VIEW 语句不仅可以查看创建视图时使用的定义语句，还可以查看视图的字符编码。其基本语法格式如下：

```
SHOW CREATE VIEW '视图名';
```

【案例 5-3】使用 SHOW CREATE VIEW 语句查看 view_studetails 视图的定义语句。

代码如下：

```
SHOW CREATE VIEW  view_studetails;
```

执行结果如图 5-4 所示。

图 5-4　查询 view_studetails 视图的定义语句

执行结果显示了视图的名称、创建视图时使用的定义语句、客户端使用的字符编码以及排序规则。

5.1.4　修改视图

1. 使用 CREATE OR REPLACE VIEW 语句修改视图

其基本语法格式如下：

```
CREATE OR REPLACE [ALGOTITHM={UNDEFINED|MERGE|TEMPTABLE}]VIEW
 view_name[{column_list}]
AS
Select_statement
[WITH [CASCADED|LOCAL] CHECK OPTION]
```

在使用该语句修改视图时，如果要修改的视图存在，那么将使用修改语句对视图进行修改；如果视图不存在，则会创建一个视图。

2. 使用 ALTER 语句修改视图

使用 ALTER 语句是另一种修改视图的方法，其基本语法格式如下：

```
ALTER [ALGOTITHM={UNDEFINED|MERGE|TEMPTABLE}]VIEW
view_name[{column_list}]
AS
Select_statement
[WITH [CASCADED|LOCAL] CHECK OPTION]
```

【案例 5-4】使用 ALTER 语句修改 view_studetails 视图，使其用于查询学生姓名和学号。代码如下：

```
ALTER VIEW view_studetails AS SELECT stuno,stuname FROM t_teachers;
```

上述代码执行成功以后，使用 DESC RIBE 语句查看修改后的视图，如图 5-5 所示。

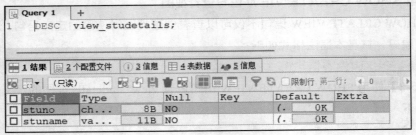

图 5-5　view_studetails 视图修改后的视图结构

5.1.5　删除视图

当不再需要视图时，可以将其删除，删除视图时，只会删除视图的定义，不会删除数据表中的数据。

删除视图的语句的基本语法格式如下：

```
DROP VIEW [IF EXISTS]
view_name[,view_name…]
[RESTRICT|CASCADE]
```

删除视图时，可以一次删除多个视图，各个视图用逗号隔开，删除视图必须拥有 DROP 权限。

5.1.6　任务实施

1. 创建视图

（1）使用 SQLyog 工具创建视图

使用 SQLyog 工具创建视图 view_course，该视图的数据来自 t_course 表，该视图用于查询课程号、课程名称和课程学分。操作步骤如下。

① 启动 SQLyog，展开"stumandb"数据库，在对象资源管理器中选中视图，右击，打

开视图对象的快捷菜单，如图 5-6 所示。

图 5-6　创建视图（1）

② 在图 5-6 所示的快捷菜单中选择"创建视图"命令，打开图 5-7 所示的"Create View"
对话框，输入视图名称，单击"创建"按钮，打开编辑代码窗口，输入如下代码：

```
SELECT courseno,coursename,coursescore FROM t_course ;
```

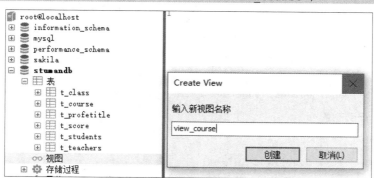

图 5-7　创建视图（2）

执行上述代码，在对象资源管理器中可以看到视图 view_course，如图 5-8 所示。

（2）使用 CREATE VIEW 语句创建视图

使用 SQL 语句创建视图 view_teachers，该视图用于查询教师编号、教师姓名和教师性别。
输入如下代码：

```
CREATE VIEW view_teachers(教师编号,教师姓名,教师性别)
AS
SELECT teano,teaname,teagender FROM t_teachers;
```

执行上述代码，创建视图成功，如图 5-9 所示。

用户可以使用 SELECT 语句查看视图的结果集，代码如下：

```
SELECT * FROM view_teachers;
```

执行结果如图 5-10 所示，从中可以看到，视图的结果集是基本表的形式。

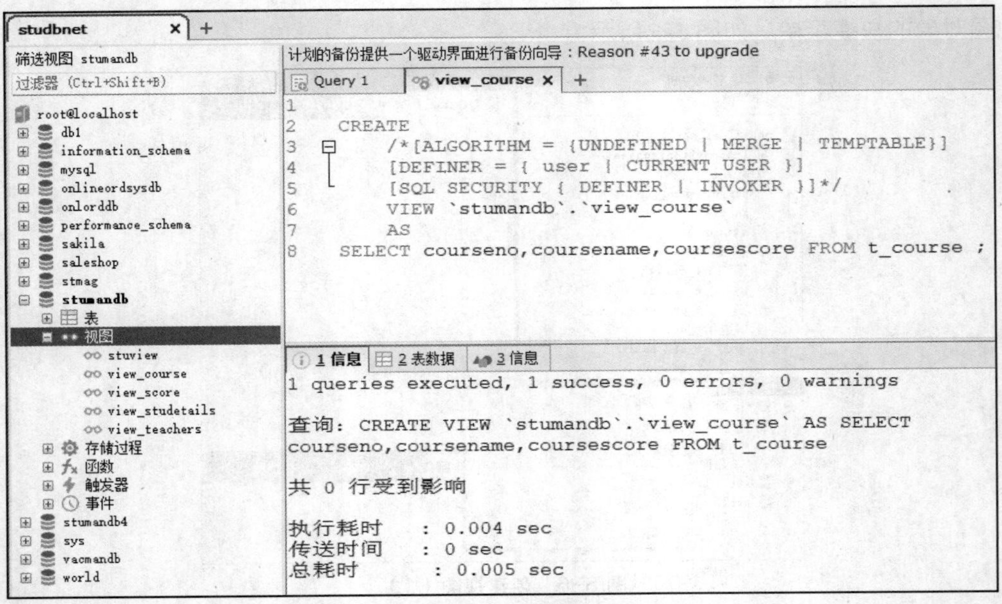

图 5-8　完成创建视图 view_course

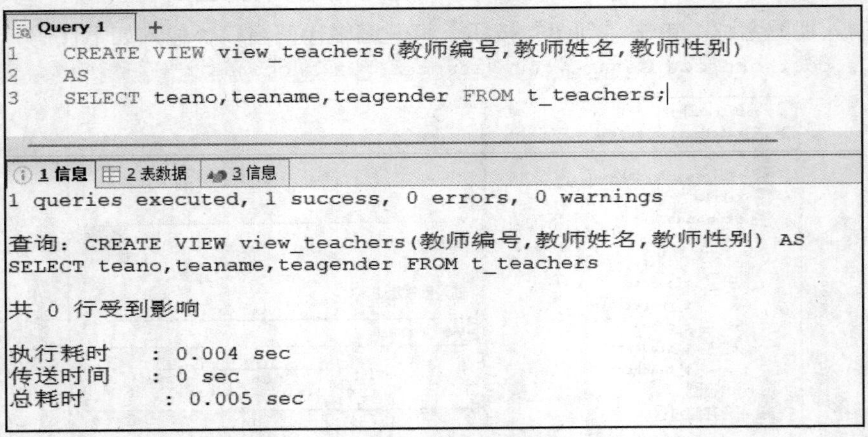

图 5-9　使用 SQL 语句创建视图 view_teachers

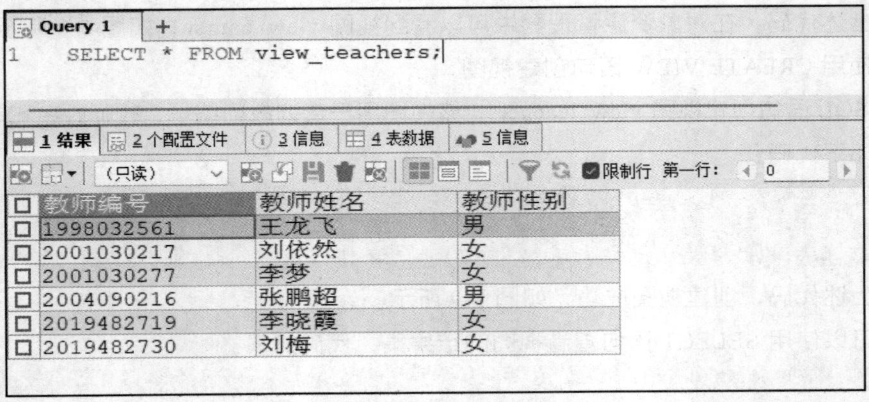

图 5-10　查询视图 view_teachers 的结果集

2. 查看视图

使用 SHOW TABLE STATUS 语句查看 view_course 视图。

输入如下代码：

```
SHOW TABLE STATUS LIKE 'view_course';
```

执行结果如图 5-11 所示。

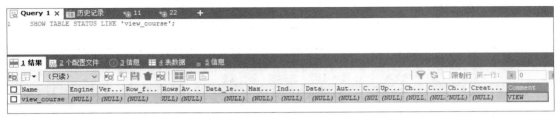

图 5-11　查询 view_course 视图基本信息

从图 5-11 可以看到，Name 的值为 view_course，Comment 的值为 VIEW，这说明视图是虚拟表，其他项为空。

3. 修改视图

使用 CREATE OR REPLACE VIEW 语句修改 view_course 视图，使其用于查询全部课程信息。

输入如下代码：

```
CREATE OR REPLACE VIEW view_course AS SELECT * FROM t_course;
```

上述代码执行成功以后，使用 DESC RIBE 语句查看修改后的视图，如图 5-12 所示。

```
3    DESC view_course;
```

	Field	Type		Null	Key	Default		Extra
☐	courseno	var...	11B	NO		(NULL)	OK	
☐	coursename	var...	11B	YES		(NULL)	OK	
☐	coursenature	cha...	7B	NO		(NULL)	OK	
☐	coursescore	float	5B	YES		(NULL)	OK	
☐	coursehour	int...	7B	YES		(NULL)	OK	
☐	teano	var...	11B	NO		(NULL)	OK	

图 5-12　view_course 视图修改后的视图结构

4. 利用视图更新数据表数据

利用视图向数据表插入数据：使用 INSERT 语句更新视图 view_course 来向数据表 t_course 中插入一条数据。

输入如下代码：

```
INSERT INTO view_course VALUES('07091101','大学语文','考查课',2,40,'2001030217');
```

执行结果如图 5-13 所示。

使用视图修改数据后，查询 t_course 表，结果集中有新插入的记录，如图 5-14 所示。

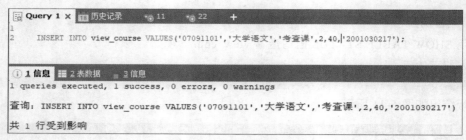

图 5-13　使用视图修改数据

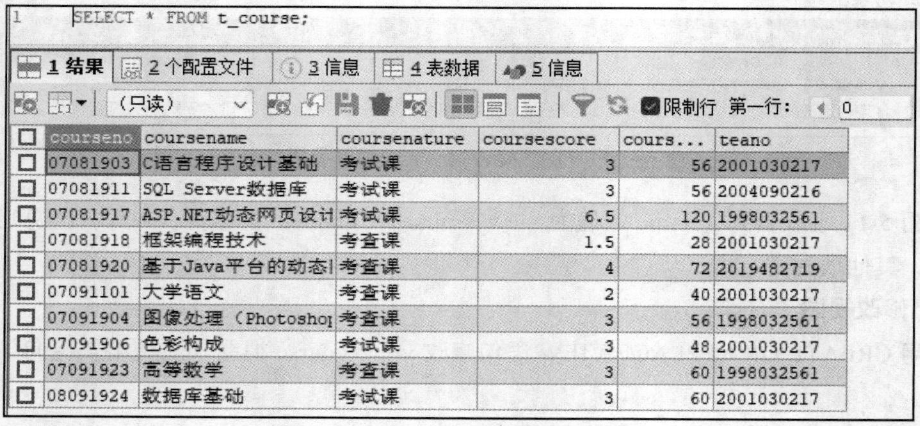

图 5-14　查询插入数据后的结果集

5．删除视图

（1）利用 SQLyog 工具删除视图 view_course

在对象资源管理器选中视图 view_course，右击，在弹出的快捷菜单中选择"删除视图"命令即可，如图 5-15 所示。

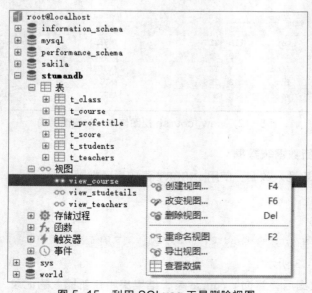

图 5-15　利用 SQLyog 工具删除视图

（2）利用 SQL 语句删除视图 view_teachers

输入如下代码：

```
DROP VIEW IF EXISTS view_teachers;
```

执行上述代码即可删除视图 view_teachers，如图 5-16 所示，可以看到对象资源管理器中视图 view_teachers 已经成功删除。

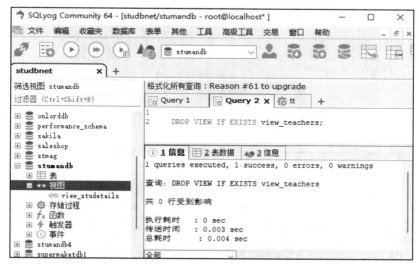

图 5-16 利用 SQL 语句删除视图

【任务小结】

本任务主要讲解了视图的管理方法，通过对本任务的学习，学生应该掌握视图的创建、当基本表数据发生变化时如何修改视图，以及如何通过视图修改基本表中的数据信息等操作。

5.1.7 知识拓展：利用视图更新数据表中的数据

1. 利用视图修改数据表中的数据

【案例 5-5】使用 UPDATE 语句更新视图 view_course，将数据表 t_course 中课程名称为"大学语文"的课程的学分改为 3 分。

代码如下：

```
UPDATE view_course SET coursescore=3 WHERE coursename='大学语文';
```

代码执行成功后，查询 t_course 表，我们可以看到"大学语文"课程的学分改为了 3 分，如图 5-17 所示。

2. 利用视图删除数据表中的数据

【案例 5-6】使用 DELETE 语句更新视图，将数据表 t_course 中课程名称为"大学语文"的记录删除。

代码如下：

```
DELETE FROM view_course WHERE coursename='大学语文';
```

131

图 5-17　查询修改数据后的结果集

代码执行成功后，查询 t_course 表，我们可以看到"大学语文"课程的记录被删除了，如图 5-18 所示。

图 5-18　查询删除数据后的结果集

在使用视图更新基本表中的数据时，并不是所有的视图都可以更新数据，以下几种视图不能更新数据。

- 定义视图的 SELECT 语句中包含 COUNT 等聚合函数或包含 UNION、UNION ALL、DISTINCT、TOP、GROUP BY、HAVING 等关键字。
- 常量视图。
- 定义视图的 SELECT 语句中包含子查询。
- 由不可更新的视图导出的视图。
- 视图对应的数据表中存在没有默认值且不允许为空的列，而该列没有包含在视图中。

虽然可以通过更新视图来操作数据表，但是限制较多，在实际情况中，一般将视图用作查询数据的虚拟表，不通过更新视图去更新数据表中的数据。

任务 5.2　管理索引

【任务描述】

通过索引对数据库 stumandb 进行优化、改

V5-4　索引概述

V5-5　使用 SQLyog 管理索引

V5-6　使用 MySQL 管理索引

进，提高数据库的性能。

【任务分析】

MySQL 数据库优化有很多方面，包括使用索引、选取合适的字段、使用连接来代替子查询、使用联合来代替手动创建的临时表、事务、锁定表、使用外键、优化查询语句等。其中索引是提高数据库性能的常用工具，它可以令数据库服务器以比没有索引快得多的速度检索特定的行，尤其是在查询语句中包含 MAX()、MIN() 和 ORDER BY 的时候，性能提高更为明显。

5.2.1　索引概述

索引（Index）是一种数据库对象，创建索引是为了优化查询，加快数据的查询速度。数据库的索引类似书籍的索引或楼层的索引，不必翻阅完整本书或查看每个房间，就能够快速找到所需要的信息或房间。

对数据库中的数据进行查询操作时，系统对表中的数据有两种检索方式：一种是全表扫描，另一种是利用数据表上建立的索引进行扫描，即索引扫描。全表扫描是将表中的数据记录从头到尾逐行读取，与查询条件进行对比，返回满足条件的记录。由于全表扫描需要读取相关表中的所有数据，因此需要进行大量的磁盘读写操作，当表中数据量巨大时，查询检索的效率会大大降低。索引扫描是通过搜索索引值，再根据索引值与记录的关系直接访问数据表中的记录行，这种方式在数据量巨大时，能有效加快数据检索的速度。

5.2.2　索引定义

索引是对表中的一列或多列的值进行排序的存储结构。

索引作为一种逻辑排序方法，并不改变表中记录的物理排列顺序，只是建立一个相应的索引文件，提供指向列中数据的指针，然后根据指定的排序方式对指针进行排序，数据库使用索引找到特定指针，然后通过指针找到包含指定值的记录。

例如：在表 5-1 所示的学生表 t_students 中，stuno 为索引键。索引文件由索引键及基本表中记录所在的存储位置组成，如表 5-2 所示。

索引文件中数据总是按索引键有序排列的，而基本表中数据的物理排列顺序不变。

表 5-1　学生表 t_students

Record#	stuno	stuname	stugender	stubirth	classno
1	35092001021	张江涛	男	2002-11-03	001
2	35092002010	刘婷婷	女	2001-02-11	002
3	35092002023	林强	男	2001-10-10	003
4	35092002022	李玉红	女	2001-01-23	004
5	35091903024	程学峰	男	2000-12-08	005
6	35092005021	刘梦瑶	女	2000-06-09	006
7	35092005059	张浩	男	2001-11-10	007
8	35092001007	王小蒙	女	1999-12-10	008
9	35092001024	王赛	男	1999-02-13	001

表 5-2　索引文件

stuno	Record#
35091903024	5
35092001007	8
35092001021	1
35092001024	9
35092002010	2
35092002022	4
35092002023	3
35092005021	6
35092005059	7

5.2.3　索引优缺点

1．索引优点

① 加快数据查询速度。

② 唯一索引能够保证记录的唯一性。

③ 加快表和表之间的连接，在实现数据的参照完整性方面有重要意义。

④ 使用 ORDER BY、GROUP BY 子句进行数据查询时，可以减少排序和分组的时间。

2．索引缺点

① 虽然使用索引大大提高了查询速度，但会降低更新表的速度，如对表执行 INSERT、UPDATE 和 DELETE 语句。因为更新表时，不仅要保存数据，还要保存索引文件。

② 建立索引会占用磁盘空间。一般情况下这个问题不太严重，但如果在一个数据量很大的表上创建了多种组合索引，索引文件占用的磁盘空间会增长很快。

③ 索引只是提高效率的一个手段，如果是数据量很大的表，就需要花时间研究如何建立最优的索引，或优化查询语句。

5.2.4　创建索引

1．创建索引原则

索引设计不合理或缺少索引都会对数据库和应用程序的性能有所影响，高效的索引对于获得良好的性能非常重要。创建索引应遵循以下原则。

① 索引并非越多越好，一个表中如果有大量的索引，不仅会占用大量的磁盘空间，而且会影响更新操作的性能。

② 避免对需要经常更新的表创建过多的索引。

③ 数据量小的表尽量不要使用索引，由于数据少，查询花费的时间可能比使用索引的时间还要短，索引可能不会产生优化效果。

④ 在条件表达式中经常用到的、不同值较多的列上建立索引，不要在不同值少的列上建立索引。

2. 创建索引的方法

使用 SQL 语句创建索引的方法有 3 种：创建表时创建索引、使用 ALTER TABLE 在已存在的表上创建索引、使用 CREATE 在已存在的表上创建索引。下面分别介绍这 3 种方法。

方法 1：创建表时创建索引。

其语法格式如下：

```
CREATE TABLE 表名 (
字段名 1   数据类型 [完整性约束条件…],
字段名 2   数据类型 [完整性约束条件…],
[UNIQUE | FULLTEXT | SPATIAL ]  INDEX | KEY
[索引名]  (字段名 [(长度)]  [ASC |DESC])
);
```

语法说明如下。

① UNIQUE、FULLTEXT 和 SPATIAL：可选参数，分别表示唯一索引、全文索引、空间索引。

② INDEX 和 KEY：同义词，两者作用相同，用来指定创建索引。

③ 索引名后面的字段名：需要创建索引的字段，必须从数据表中该定义的多个字段中选择。

④ 索引名：可选参数，如果不指定，默认索引名为字段名。

⑤ 长度：可选参数，表示索引的长度，只有字符串类型的字段才能指定索引长度。

⑥ ASC 和 DESC：用来指定以升序或降序顺序存储索引。

方法 2：使用 ALTER TABLE 在已存在的表上创建索引。

其语法格式如下：

```
ALTER TABLE 表名 ADD  [UNIQUE | FULLTEXT | SPATIAL ] INDEX
            索引名 (字段名 [(长度)]  [ASC |DESC]) ;
```

方法 3：使用 CREATE 在已存在的表上创建索引。

其语法格式如下：

```
CREATE [UNIQUE | FULLTEXT | SPATIAL ] INDEX  索引名
ON 表名 (字段名 [(长度)]  [ASC |DESC]) ;
```

5.2.5 常用索引创建方法

1. 创建普通索引

普通索引是基本的索引，它没有任何限制，使用 KEY 或 INDEX 定义，其作用是加快查询速度。普通索引有以下几种创建方式。

① 直接创建普通索引：

```
CREATE INDEX index_stuname ON t_students(stuname);
```

② 修改表结构的时候创建普通索引：

```
ALTER TABLE t_students ADD INDEX index_stuname (stuname);
```

③ 创建表的时候创建普通索引：

```
CREATE TABLE t_students1(
 stuno CHAR(11) NOT NULL COMMENT '学号',
 stuname VARCHAR(30) NOT NULL COMMENT '姓名',
 stugender CHAR(2) NOT NULL COMMENT '性别',
 stubirth DATETIME NOT NULL COMMENT '出生日期',
 classno CHAR(3) NOT NULL COMMENT '班级编号',
 d_id CHAR(4) NOT NULL COMMENT '宿舍号',
 INDEX index_stuname (stuname)
);
```

2．创建唯一索引

唯一索引与前面介绍的普通索引类似，不同的是索引列的值必须唯一，但允许有空值。如果是组合索引，则列值的组合必须唯一。唯一索引使用 UNIQUE INDEX 定义。唯一索引有以下几种创建方式。

① 直接创建唯一索引：

```
CREATE UNIQUE INDEX index_coursename ON t_course(coursename);
```

② 修改表结构时创建唯一索引：

```
ALTER TABLE t_course ADD UNIQUE INDEX index_coursename (coursename);
```

③ 创建表的时候直接创建唯一索引：

```
CREATE TABLE t_course(
 courseno VARCHAR(10) NOT NULL COMMENT '课程号',
 coursename VARCHAR(50) UNIQUE COMMENT '课程名称',
 coursenature ENUM('考试课','考查课') NOT NULL COMMENT '课程性质',
 coursescore FLOAT COMMENT '课程学分',
 coursehour INT COMMENT '课程学时'
);
```

3．创建主键索引

主键索引是一种特殊的唯一索引，一个表只能有一个主键，不允许有空值。一般是在创建表的时候创建主键索引。另外，若 InnoDB 表中数据存储的顺序与主键索引字段的顺序一致，则可将这种主键索引称为聚簇索引。一般聚簇索引指的都是表的主键，因此，一个表只能有一个聚簇索引。可以在定义字段时直接使用 PRIMARY KEY 关键字指定主键，代码如下。

```
CREATE TABLE t_user (
    id INT(11) NOT NULL AUTO_INCREMENT PRIMARY KEY,
    username CHAR(50) NOT NULL ,
    userpwd CHAR(50) NOT NULL
);
```

也可以在定义完所有字段之后，单独指定主键，代码如下。

```
CREATE TABLE t_user (
    id INT(11) NOT NULL AUTO_INCREMENT ,
    username CHAR(50) NOT NULL ,
    userpwd CHAR(50) NOT NULL,
    PRIMARY KEY (id)
);
```

4．创建组合索引

组合索引是指在多个字段上创建的索引，只有在查询条件中使用了创建索引时指定的第一个字段时，组合索引才会被使用。

如果对多个字段进行索引（组合索引），列的顺序非常重要，MySQL 仅能对索引最左边的前缀进行有效的查找。例如，假设存在组合索引（c1，c2），查询语句 SELECT * FROM t1 WHERE c1=1 AND c2=2 能够使用该索引。查询语句 SELECT * FROM t1 WHERE c1=1 也能够使用该索引。但是，查询语句 SELECT * FROM t1 WHERE c2=2 不能够使用该索引，因为没有组合索引的引导列，即要想使用 c2 列进行查找，则必须出现 c1 等于某值。

可以通过修改表结构来创建组合索引：

```
ALTER TABLE t_students ADD INDEX classno_stuno (classno,stuno);
```

5．创建全文索引

全文索引用于根据查询条件提高对数据量较大的字段的查询速度。它可以在 CREATE TABLE、ALTER TABLE、CREATE INDEX 语句使用，不过目前只有 CHAR、VARCHAR、TEXT 类型的字段上可以创建全文索引。值得一提的是，在数据量较大的时候，先将数据放入一个没有全文索引的表中，然后用 CREATE INDEX 语句创建全文索引，要比先为一张表建立全文索引再将数据写入的速度快很多。

全文索引有以下几种创建方式。

① 创建表时创建全文索引：

```
CREATE TABLE t_news (
    id INT(11) NOT NULL AUTO_INCREMENT COMMENT '自增',
    title CHAR(255) NOT NULL COMMENT '新闻标题',
    content TEXT NULL COMMENT '新闻内容',
    pubtime DATETIME NULL COMMENT '发布时间',
    PRIMARY KEY (id),
    FULLTEXT (content)
);
```

② 修改表结构时创建全文索引：

```
ALTER TABLE t_news ADD FULLTEXT index_content(content);
```

③ 直接创建全文索引：

```
CREATE FULLTEXT INDEX index_content1 ON t_news(content);
```

6．创建空间索引

空间索引是由 SPATIAL INDEX 定义在空间数据类型字段上的索引，它可提高系统获取空间数据的效率。MySQL 的空间数据类型包括单值类型 GEOMETRY、POINT、LINESTRING、POLYGON 以及集合类型 MULTIPOINT、MULTILINESTRING、MULTIPOLYGON、GEOMETRYCOLLECTION。另外，在 MySQL 中仅有 MyISAM 和 InnoDB 存储引擎支持空间索引，还要保证创建索引的字段不能为空。

在创建表的同时创建空间索引：

```
CREATE TABLE t_geo(
gid INT PRIMARY KEY AUTO_INCREMENT COMMENT '序号',
```

```
gpoint POINT NOT NULL COMMENT '经纬度',
gremark VARCHAR(50) NULL COMMENT '描述',
SPATIAL INDEX index_point (gpoint)
)ENGINE=MYISAM DEFAULT CHARACTER SET=utf8;
```

5.2.6 查看索引

查看索引的方法有两种：一种是在对象资源管理器中通过菜单查看索引，另一种是使用 SQL 语句查看索引。

查看索引的语法格式如下：

```
SHOW INDEX FROM tblname;
```

5.2.7 删除索引

删除索引的方法有两种：一种是在对象资源管理器中通过菜单删除索引，另一种是使用 SQL 语句删除索引。

删除索引的语法格式如下：

```
DROP  INDEX index_name ON table_name;
```

或

```
ALTER TABLE table_name DROP INDEX index_name;
```

语法说明如下。

- index_name 是要删除的索引名。
- table_name 是索引所在的表名。

例如，删除 t_course 表中的 index_coursename：

```
DROP INDEX index_coursename ON t_course;
```

或

```
ALTER TABLE t_course DROP INDEX index_coursename;
```

注意：在 MySQL 中并没有提供直接修改索引的功能，一般情况下，我们需要先删除原索引，再根据需要创建一个同名的索引，从而变相地实现修改索引操作。

5.2.8 任务实施

1. 创建索引

为了从 stumandb 数据库的大量数据中迅速查找到所需要的内容，我们可以为学生表 t_students 的 stuname 字段创建索引，为教师表 t_teachers 的 teaname 字段创建索引，为课程表 t_course 的 coursename 字段创建索引。

（1）使用 SQLyog 界面操作创建索引

使用 SQLyog 界面操作创建索引的步骤如下。

① 启动 MySQL 客户端工具 SQLyog，选择"stumandb"下的"t_students"，右击，在弹出的快捷菜单中选择"管理索引"命令，如图 5-19 所示，弹出管理索引界面，如图 5-20 所示。

图 5-19　选择"管理索引"命令

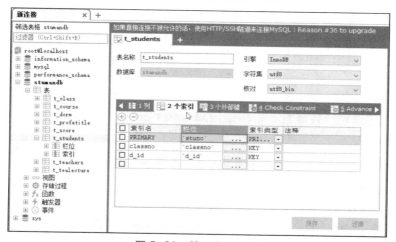

图 5-20　管理索引界面

② 输入索引名"ind_stuname"，勾选栏位"stuname"，如图 5-21 所示。

图 5-21　管理索引（1）

③ 索引类型选择"KEY"，如图 5-22 所示。

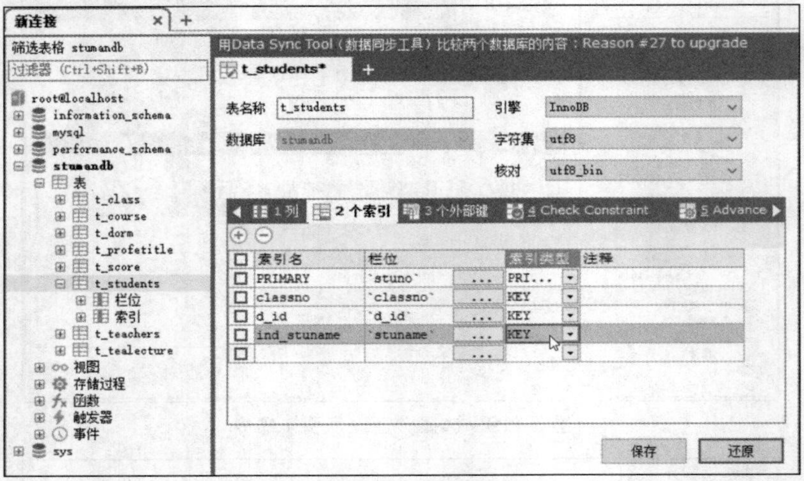

图 5-22　管理索引（2）

（2）使用 SQL 语句创建索引

参考代码如下：

```
CREATE  INDEX  ind_stuname ON t_students(stuname);
```

根据上面的方法创建教师表 t_teachers 和课程表 t_course 的索引。

2. 查看索引

查看学生表 t_students 中已创建的索引，具体操作如下。

（1）使用 SQLyog 界面操作查看索引

使用 SQLyog 界面操作查看索引的步骤如下：启动 MySQL 客户端工具 SQLyog，右击"stumandb"下的"t_students"，在弹出的快捷菜单中选择"管理索引"命令，弹出管理索引界面；或者展开"t_students"下的"索引"，右击索引"ind_stuname(stuname)"，选择"管理索引"命令，如图 5-23 所示。

图 5-23　查看索引

（2）使用 SQL 语句查看索引

参考代码如下：

```
SHOW INDEX FROM t_students;
```

3．删除索引

如果索引不需要了，就可以对索引进行删除，例如删除学生表 t_students 的 ind_stuname 索引。

（1）使用 SQLyog 界面操作删除索引

使用 SQLyog 界面操作删除索引的步骤如下：启动 MySQL 客户端工具 SQLyog，选择 "stumandb" 下的 "t_students" 下的 "索引"，展开 "索引"，右击要删除的索引，选择 "删除索引" 命令，如图 5-24 所示。

图 5-24　删除索引

（2）使用 SQL 语句删除索引

参考代码如下：

```
DROP INDEX ind_stuname ON t_students;
```

或

```
ALTER TABLE t_students DROP INDEX ind_stuname;
```

【任务小结】

本任务主要介绍了索引的概述、定义、作用、类型，以及创建、查看和删除索引的操作，还介绍了创建索引应遵循的原则，请大家根据创建索引的原则，选择合适的索引，以此来提高数据库的性能。

5.2.9　知识拓展：MySQL 索引实现原理

目前大部分数据库系统及文件系统都采用 B-Tree（B 树）或其变种 B+Tree（B+树）作为索引结构。B+Tree 是数据库系统实现索引的首选数据结构。在 MySQL 中，索引属于存储引擎级别的概念，不同存储引擎对索引的实现方式不同，下面主要介绍 MyISAM 和 InnoDB 两种存储引擎的索引实现方式。

1. MyISAM 索引实现

MyISAM 引擎使用 B+Tree 作为索引结构，叶节点的 data 域存放的是数据记录的地址。MyISAM 索引的原理如图 5-25 所示。

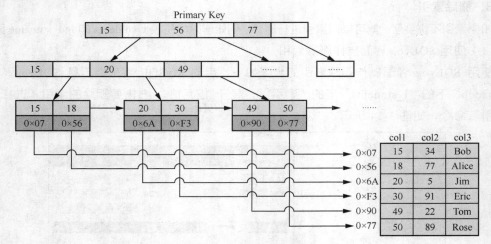

图 5-25　MyISAM 索引的原理

图 5-25 中的表一共有 3 列，假设 col1 为主键，可以看出 MyISAM 的索引文件仅保存数据记录的地址。

在 MyISAM 中，主索引和辅助索引（Secondary Key）在结构上没有任何区别，只是主索引要求键是唯一的，而辅助索引的键可以重复。如果在 col2 上建立一个辅助索引，则此索引的结构如图 5-26 所示。

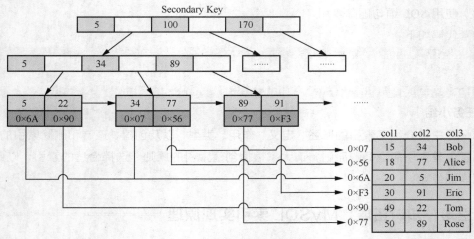

图 5-26　辅助索引的结构

同样是 B+Tree，data 域保存数据记录的地址。因此，MyISAM 索引检索的算法为首先按照 B+Tree 搜索算法搜索索引，如果指定的键存在，则取出其 data 域的值，然后以 data 域的值为地址，读取相应数据记录。

MyISAM 的索引方式也叫作非聚簇索引，之所以这么称呼是为了与 InnoDB 的聚簇索引区分。

2. InnoDB 索引实现

InnoDB 也使用 B+Tree 作为索引结构，但具体实现方式与 MyISAM 截然不同。

① 第一个重大区别是 InnoDB 的数据文件本身就是索引文件，而 MyISAM 的索引文件和数据文件是分离的，其索引文件仅保存数据记录的地址。

在 InnoDB 中，表数据文件本身就是按 B+Tree 组织的一个索引文件，其叶节点的 data 域保存了完整的数据记录。这个索引的键是数据表的主键，因此 InnoDB 表数据文件本身就是主索引。

图 5-27 所示是 InnoDB 主索引（同时也是数据文件）示意，可以看到叶节点包含完整的数据记录，这种索引叫作聚簇索引。因为 InnoDB 的数据文件本身要按主键聚集。

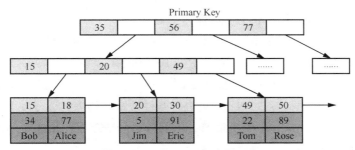

图 5-27 InnoDB 主索引示意

InnoDB 要求表必须有主键（MyISAM 可以没有主键），如果没有显式指定，则 MySQL 系统会自动选择一个可以唯一标识数据记录的字段作为主键，如果不存在这种字段，则 MySQL 自动为 InnoDB 表生成一个隐含字段作为主键，其数据类型为长整型。

同时，请尽量在 InnoDB 表上采用自增字段作为表的主键。因为 InnoDB 的数据文件本身是 B+Tree，非单调的主键会造成在插入新记录时数据文件为了维持 B+Tree 的特性而频繁地分裂调整，十分低效，而使用自增字段作为主键则是一个很好的选择。如果表使用自增字段作为主键，那么每次插入新的记录，记录就会顺序添加到当前索引节点的后续位置，当一页写满时，就会自动开辟一个新的页，如图 5-28 所示。

图 5-28 InnoDB 索引开辟新页

这样就会形成一个紧凑的索引结构，近似顺序填满。由于每次插入数据时不需要移动已有数据，因此效率很高，也不会增加很多开销在维护索引上。

② InnoDB 索引与 MyISAM 索引的第二个不同是 InnoDB 辅助索引的 data 域存储的是相应记录主键的值而不是地址。换句话说，所有的 InnoDB 辅助索引都引用主键作为 data 域。

例如，图 5-29 所示为定义在 col3 上的一个辅助索引。

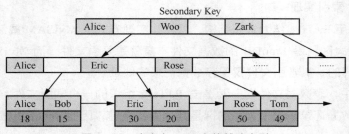

图 5-29　定义在 col3 上的辅助索引

聚簇索引这种实现方式使得按主键搜索十分高效，但是使用辅助索引搜索需要检索两遍索引：首先检索辅助索引获得主键，然后用主键到主索引中检索记录。

引申：为什么不建议使用过长的字段作为主键？

因为所有辅助索引都引用主索引，过长的主索引会令辅助索引过大。

InnoDB 使用的是聚簇索引，将主键组织到 B+Tree 中，而行数据就存储在其叶节点上，若使用"WHERE id = 14"这样的条件查找主键，则按照 B+Tree 的检索算法即可查找到对应的叶节点，之后获得行数据。若对 Name 列进行条件搜索，则需要进行以下两个步骤。

第一步：在辅助索引 B+Tree 中检索 Name，到达其叶节点获取对应的主键。

第二步：使用主键在主索引 B+Tree 中再执行一次 B+Tree 检索操作，最终到达叶节点即可获取整行数据。

项目总结

本项目主要讲解了 MySQL 中的视图和索引操作。对于视图，主要讲解了创建视图、修改视图、删除视图和使用视图更新数据表中的数据，创建和修改视图是本项目的重点。对于索引，主要介绍了索引的概述、定义、作用、类型、创建索引应遵循的原则，以及创建、查看和删除索引的操作，其中创建索引是本项目的重点。

项目实战

1. 对网上订餐系统数据库 onlineordsysdb 完成如下操作。

（1）创建视图 view_menu，显示菜品名称、风味和价格。

（2）创建多表关联视图 view_orders，显示订单编号、订单时间、订单用户、送餐员工姓名。

（3）查看视图，比较查看结果的不同。

① 使用 SHOW TABLE STATUS 查看视图 view_menu。

② 使用 DESCRIBE 语句查看视图 view_menu。

③ 使用 SHOW CREATE VIEW 语句查看视图 view_menu。

（4）删除菜单表 menu 中菜品编号为"m222005059"的记录，查看 view_menu 视图的显示结果。

（5）修改视图 view_menu，显示菜品名称、风味、菜品种类编号和价格，并且只显示菜品种类编号为"001"的记录。

（6）修改视图 view_orders，显示订单编号、订单时间、订单用户、送餐员工姓名和付款方式。

（7）更新视图 view_menu 中的数据，将"红烧鸡爪"的价格改为 50 元，查看菜单表 menu 记录的变化。

（8）更新视图 view_orders 中的数据，将订单编号为"08130001"的付款方式改为"支付宝"，查看订单表 orders 记录的变化。

（9）删除视图 view_menu 中菜品名称为"蒜香鸡翅"的菜品信息，查看菜单表 menu 记录的变化。

（10）删除视图 view_orders 和 view_menu。

2．为网上订餐系统数据库创建合适的索引，来优化数据库性能。

（1）为用户表 users 中的 username 字段创建普通索引。

（2）为订单表 orders 中的 userno 字段创建普通索引。

（3）为订单详情表 orderdetails 中的 ordersno 和 menuno 字段创建两个普通索引。

习题训练

一、选择题

1. 以下关于视图说法正确的是（　　　）。

    A．可以建立在单表基础之上　　　　B．可以建立在视图基础之上

    C．可以建立在两张表基础之上　　　D．可以建立在两张或多张表基础之上

2. 以下关于视图的优点的描述，正确的是（　　　）。

    A．实现了逻辑数据的独立性　　　　B．提高安全性

    C．简化查询语句　　　　　　　　　D．屏蔽真实表结构变化带来的影响

3. 对视图中数据的操作包括（　　　）。

    A．定义视图　　　　B．修改数据　　　C．查看数据　　　　D．删除数据

4. 下列语句中，用来修改视图的是（　　　）。

    A．CREATE　TABLE　　　　　　　B．ALTER　VIEW

    C．DROP　VIEW　　　　　　　　　D．CREATE　VIEW

5. 使用以下语句创建的视图有（　　　）列。

    CREATE VIEW title_view AS SELECT emp_id,emp_name,title FROM employee

    A．1　　　　　　　B．2　　　　　　C．3　　　　　　　D．4

6. 以下对视图的描述错误的是（　　　）。

    A．视图是一张虚拟的表

    B．在存储视图时存储的是视图的定义

C．在存储视图时存储的是视图中的数据

D．可以像查询表一样查询视图

7．视图是一张虚拟表，视图的构造基于（　　　）。

　　A．基本表　　　　　B．视图　　　　　C．基本表或视图　　　D．数据字典

8．为数据表创建索引的目的是（　　　）。

　　A．提高查询的效率　　　　　　　　B．创建唯一索引

　　C．创建主键　　　　　　　　　　　D．归类

9．下列对索引的相关描述正确的是（　　　）。

　　A．经常被查询的列不适合创建索引　　B．值域很小的列不适合创建索引

　　C．有很多重复值的列适合创建索引　　D．是外键或主键的列不适合创建索引

10．创建索引使用（　　　）。

　　A．CREATE TRIGGER　　　　　　B．CREATE PROCEDURE

　　C．CREATE FUNCTION　　　　　　D．CREATE INDEX

11．下面关于唯一索引的描述不正确的是（　　　）。

　　A．若某列创建了唯一索引则这一列为主键

　　B．不允许插入重复的列值

　　C．若某列为主键，则该列会自动创建唯一索引

　　D．一个表中可以有多个唯一索引

二、判断题

1．视图中包含 SELECT 查询的结果，因此视图的创建基于 SELECT 语句和已经存在的数据表。（　　　）

2．视图属于数据库对象，在默认情况下，视图将在当前数据库中创建。（　　　）

3．查看视图必须要有 CREATE VIEW 的权限。（　　　）

4．视图是一张虚拟表，其中没有数据，所以当通过视图更新数据时其实是在更新基本表中的数据。（　　　）

5．执行 CREATE OR REPLACE VIEW 语句不会替换已经存在的视图。（　　　）

6．删除视图时，也会删除其所对应的基本表中的数据。（　　　）

7．一张 InnoDB 表有且仅有一个聚簇索引。（　　　）

8．一个索引可以由一个或多个字段组成。（　　　）

9．主索引的值不能为空，不能重复。（　　　）

三、简答题

1．简述什么情况下视图的更新操作不能被执行（至少写出 3 种情况）。

2．简述视图和基本表有哪些区别。

3．简述查看视图的几种方式。

4．简述索引类型有哪些。

5．简述索引的使用原则。

项目6
管理学生成绩管理系统事务

项目描述

在项目开发过程中，我们经常需要保证一组 SQL 语句同时完成，以达到使所有操作同步的目的，此时可以通过事务来完成。事务主要用于处理操作量大、复杂度高的数据。如在学生成绩管理系统中，要删除一条学生记录，就要同时删除这个学生的选课、成绩等信息。这一系列的数据库操作语句就构成一个事务。

本项目分为事务的基本操作和事务隔离级别两个任务，通过对这两个任务的学习，学生可提高分析问题的能力和规范编码的意识，提升在职业岗位中管理事务的相关技能水平。

学习目标

知识目标
① 掌握事务的基本操作。
② 掌握事务的隔离级别。

技能目标
① 能够理解事务的概念。
② 能够完成事务的基本操作。
③ 能够完成事务隔离级别的设置。

素养目标
① 培养自主学习和解决问题的能力。
② 培养科学探究与创新意识，在探究中提出见解，锻炼创新能力。

任务 6.1　事务的基本操作

V6-1　事务的
基本操作

【任务描述】

　　某学校大类分班后要进行宿舍调整，需要将学生从原宿舍调整到新宿舍，对应的宿舍表中的学生宿舍信息要进行更新，我们利用事务来完成学生宿舍调整的过程。

【任务分析】

　　学生成绩管理系统的宿舍表中存储着学生的宿舍信息，在宿舍调整过程中，我们以两个学生互换宿舍为例，需要将学生"程学峰"调整到"1001"宿舍，同时将学生"张江涛"调整到"3005"宿舍，将这两个学生的宿舍调整完毕才算调整结束。我们利用事务来实现宿舍调整的过程。

6.1.1　事务的概念

　　数据库事务简称事务，是一系列的数据库操作。这些操作要么全执行，要么全不执行，是一个不可分割的工作单元。通常一个事务对应一个完整的业务（如银行账户转账业务，该业务就是一个不可分割的工作单元）。

　　事务和存储引擎密切相关，只有使用 InnoDB 存储引擎的数据库或表才支持事务，并且事务只和 DML（Data Manipulation Language，数据操纵语言）语句有关，一个完整的业务需要批量的 DML 语句（INSERT、UPDATE、DELETE 语句）共同联合完成。

　　事务的 4 个特性，即原子性（Atomicity）、一致性（Consistency）、隔离性（Isolation）和持久性（Durability），具体介绍如下。

1. 原子性

　　事务必须是原子工作单元，事务中的操作要么全部执行，要么全部不执行，不能只执行部分操作。原子性在数据库系统中由恢复机制来实现。

　　例如银行转账时，用户 A 账户减少 1000 元，用户 B 账户增加 1000 元，不存在用户 A 账户减少、用户 B 账户不增加的情况，用户 A、B 账户的操作要同时成功，这就是原子性。

2. 一致性

　　事务开始之前，数据库处于一致性的状态；事务结束后，数据库必须仍处于一致性状态。数据库一致性的定义是由用户负责的。

　　例如银行转账时，假设用户 A 和用户 B 两者的账户金额加起来一共是 20000 元，不管用户 A 和用户 B 之间如何转账、转几次账，事务结束后两个用户的账户金额相加还是 20000 元，这就是事务的一致性。

3. 隔离性

　　系统必须保证事务不受其他并发事务的影响，即当多个事务同时执行时，各事务相互隔离，不可互相干扰。事务查看的数据的状态，要么是另一个并发事务修改它之前的状态，要么是另一个并发事务修改它之后的状态，事务不会查看中间状态的数据。隔离性通过系统的并发控制机制实现。

例如多用户并发访问数据库，修改同一张表时，数据库为每一个用户开启独立的事务，对于用户 A 的 UPDATE 操作在事务提交之前用户 B 是看不到数据表的变化的。多个并发事务要相互隔离，不能被其他事务的操作所干扰，这是事务的隔离性。

4．持久性

一个已完成的事务对数据所做的任何变动在系统中是永久有效的，即使该事务所做的修改不正确，错误也将一直保持。持久性通过恢复机制实现，发生故障时，可以通过日志等手段恢复数据库的数据。

例如事务操作中删除了某位同学的记录，一旦该事务提交，修改结果将一直保存在数据表中。

这里特别提示：事务的持久性不能做到百分之百的持久，如果一些外部原因导致数据库发生故障，如磁盘损坏，那么所有提交的数据可能都会丢失。

总之，事务的 ACID 特性保证了一个事务或者成功提交，或者失败回滚，事务执行结果必须是这两种状态中的一种。因此，事务具有可恢复性。即当事务执行失败时，它所修改的数据都会恢复到该事务执行前的状态。

6.1.2　事务处理

在 InnoDB 存储引擎下，MySQL 默认每条 SQL 语句都是一个事务，想要通过一个事务来执行一组 SQL 语句，需要显式地开启一个事务。

1．开启事务

开启事务的语法格式如下：

```
BEGIN TRANSACTION <事务名称>|@<事务变量名称>
```

语法说明如下。

① @<事务变量名称>是由用户定义的变量，必须用 CHAR、VARCHAR 等类型来声明该变量。

② START TRANSACTION 语句的执行使全局变量@@TRANCOUNT 的值加 1。

③ START 也可以使用 BEGIN 替代。

2．提交事务

COMMIT 表示提交事务，即提交事务的所有操作。具体地说，就是将事务中所有对数据库的更新写到磁盘上的物理数据库中，事务正常结束。

提交事务意味着事务开始以来所执行的所有数据修改，将永久保存在数据库中，也标志着一个事务的结束。一旦执行了该操作，事务将不能再回滚。只有在所有修改都准备好提交给数据库时，才执行这一操作。

提交事务的语法格式如下：

```
COMMIT TRANSACTION <事务名称> |@<事务变量名称>
```

COMMIT TRANSACTION 语句的执行使全局变量@@TRANCOUNT 的值减 1。

一个简单事务的执行包括开启事务、执行操作和提交事务 3 个步骤，下面我们通过案例来理解一个简单事务的执行过程。

【案例 6-1】实现用户 A 和用户 B 之间的转账业务。

① 创建并使用 transacdb 数据库，代码如下：

```
CREATE DATABASE IF NOT EXISTS transacdb CHARSET utf8 COLLATE utf8_bin;
USE transacdb;
```

② 创建 t_user 表，代码如下：

```
CREATE TABLE IF NOT EXISTS t_user(
    u_id CHAR(12) PRIMARY KEY COMMENT '银行账号',
    u_name VARCHAR(30) COMMENT '客户姓名',
    u_gender CHAR(1) COMMENT '客户性别',
    u_account DECIMAL(20,8) COMMENT '账户余额'
)ENGINE INNODB CHARACTER SET utf8 COLLATE utf8_bin;
```

③ 向 t_user 表插入记录，代码如下：

```
INSERT INTO t_user VALUES
('231004234079','王梅','女',500.00),
('231004234072','张红','女',500.00);
```

④ 开启一个事务，代码如下：

```
START TRANSACTION;
```

⑤ 执行事务具体操作，代码如下：

```
-- 王梅减少 100 元
UPDATE t_user
SET u_account=u_account-100
WHERE u_name='王梅';

-- 张红增加 100 元
UPDATE t_user
SET u_account=U_Account+100
WHERE u_name='张红';
```

⑥ 通过两个事务对比查看 t_user 表的记录。

查看 t_user 表的记录，如图 6-1 所示。

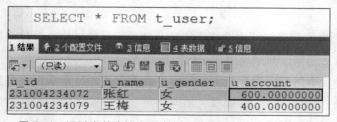

图 6-1　通过当前连接查看事务未提交前 t_user 表的记录

再重新开启一个事务，继续查看 t_user 表的记录，如图 6-2 所示。

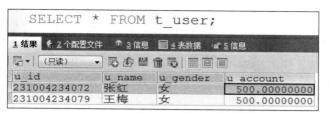

图 6-2　通过新连接查看事务未提交前 t_user 表的记录

对比图 6-1 和图 6-2 不难发现，在事务提交之前，修改操作只影响当前事务，而不影响其他事务。

⑦ 提交事务，代码如下：

```
COMMIT;
```

⑧ 通过当前事务和其他事务对比查看 t_user 表的记录，代码如下：

```
SELECT * FROM t_user;
```

执行上述代码后发现，无论是当前事务还是其他事务，查看 t_user 表的记录，其显示结果都如图 6-1 所示，即均能看到修改操作对表记录的影响。此时事务已经提交，修改操作对表的影响就是永久的。

3．撤销事务

ROLLBACK 表示撤销事务，即在事务执行的过程中发生了某种故障，事务不能继续执行，系统将事务中对数据库的所有已完成的操作全部撤销，回滚到事务开始之前的状态。这里的操作指对数据库进行的更新操作。

当事务执行过程中遇到错误时，可使用 ROLLBACK TRANSACTION 语句使事务回滚到起点或指定的保存点处。同时，系统将清除自事务起点或到某个保存点之后所做的所有数据修改操作，并且释放由事务控制的资源。执行该语句也标志着事务的结束。

一个事务可以设置多个保存点，一旦事务提交，设置的保存点会自动删除。回滚到某个保存点后，在该保存点之后创建的保存点也会消失。

撤销事务的语法格式如下：

```
ROLLBACK [TRANSACTION]
[<事务名称>| @<事务变量名称> | <保存点名称>| @ <含有保存点名称的变量名>
```

语法说明如下。

① 当事务回滚只影响事务的一部分时，事务不需要全部撤销已执行的操作。可以让事务回滚到指定位置，此时，需要在事务中设定保存点（Save Point）。保存点所在位置之前的事务语句不需要回滚，即保存点之前的操作被视为有效的。保存点的创建通过 SAVING TRANSACTION<保存点名称>语句来实现，执行 ROLLBACK TRANSACTION<保存点名称>语句可回滚到该保存点。

② 若事务回滚到起点，则全局变量@@TRANCOUNT 的值减 1；若事务回滚到指定的保存点，则全局变量@@TRANCOUNT 的值不变。

③ 可以通过 DELETE SAVEPOINT<保存点名称>语句删除保存点。

事务在执行过程中也可以进行事务回滚，这样一个事务的执行就包括开启事务、执行操作和事务回滚 3 个步骤，下面我们通过案例来理解一个包括事务回滚的事务执行过程。

【案例 6-2】实现用户 A 和用户 B 之间的转账业务，发现转账错误后撤销转账操作。

① 开启一个事务，代码如下：

```
START TRANSACTION;
```

② 执行事务具体操作，代码如下：

```
-- 王梅减少 100 元
UPDATE t_user
SET u_account=u_account-100
WHERE u_name='王梅';

-- 张红增加 100 元
UPDATE t_user
SET u_account=u_account+100
WHERE u_name='张红';
```

③ 通过两个事务对比查看 t_user 表的记录。

查看 t_user 表的记录，如图 6-3 所示。

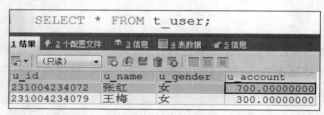

图 6-3　查看事务未提交前 t_user 表的记录

再重新开启一个事务，继续查看 t_user 表的记录，如图 6-4 所示。

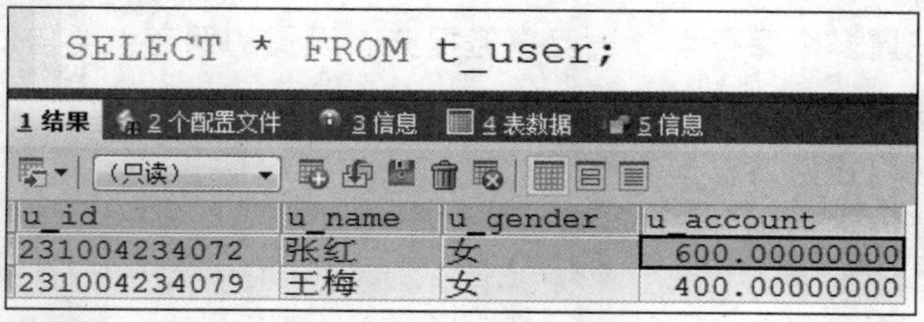

图 6-4　通过其他事务查看事务未提交前 t_user 表的记录

对比图 6-3 和图 6-4 不难发现，在事务提交之前，修改操作只影响当前事务，而不影响其他事务。

④ 事务回滚。

如果发现转账有误，我们可以通过事务回滚的方式快速撤销转账操作，代码如下：

```
ROLLBACK;
```

⑤ 通过当前事务和其他事务对比查看 t_user 表的记录，代码如下：

```
SELECT * FROM t_user;
```

执行上述代码后发现，无论是当前事务还是其他事务，查看 t_user 表的记录，其显示结果都如图 6-4 所示，记录完全相同，当前事务修改的数据也因为事务回滚恢复到了事务执行前的状态。

　　事务在执行过程中也可以设置保存点，事务回滚时，可恢复到保存点的状态。这样一个事务的执行就包括开启事务、设置保存点、执行操作、事务回滚等步骤，下面我们通过案例来理解一个包括设置保存点的事务执行过程。

【案例 6-3】实现用户 A 和用户 B 之间的转账业务，发现转账错误后撤销操作到某次转账操作之前的状态，最终可以回滚到初始状态。

① 开启一个事务，代码如下：

```
START TRANSACTION;
```

② 执行事务具体操作，代码如下：

```
-- 王梅减少 100 元
UPDATE t_user
SET u_account=u_account-100
WHERE u_name='王梅';
```

③ 查看 t_user 表的记录，如图 6-5 所示。

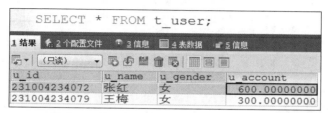

图 6-5　第一次更新操作后 t_user 表的记录

④ 设置保存点，代码如下：

```
SAVEPOINT S1;
```

⑤ 继续执行事务具体操作，代码如下：

```
-- 王梅再减少 50 元
UPDATE t_user
SET u_account=u_account-50
WHERE u_name='王梅';
```

⑥ 查看 t_user 表的记录，如图 6-6 所示。

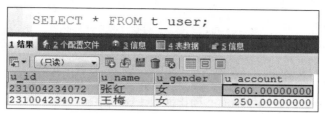

图 6-6　第二次更新操作后 t_user 表的记录

⑦ 事务回滚到保存点，代码如下：

```
ROLLBACK TO SAVEPOINT S1;
```

⑧ 查看 t_user 表的记录，如图 6-7 所示。

图 6-7　返回保存点 S1 后 t_user 表的记录

我们可以看到，事务在执行中一旦设置了保存点，我们就可以将其恢复到保存点时的状态。

⑨ 事务回滚，代码如下：

```
ROLLBACK;
```

⑩ 查看 t_user 表的记录，如图 6-8 所示。

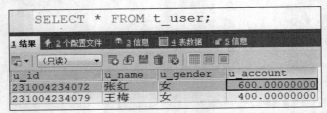

图 6-8　恢复到初始状态后 t_user 表的记录

6.1.3　任务实施

1. 开启一个事务

```
START TRANSACTION;
```

2. 修改学生的宿舍信息

```
-- 将学生"程学峰"调整到"1001"宿舍
UPDATE t_students
SET d_id='1001'
WHERE stuname='程学峰';

-- 将学生"张江涛"调整到"3005"宿舍
UPDATE t_students
SET d_id='3005'
WHERE stuname ='张江涛';
```

3. 提交事务

```
COMMIT;
```

至此，我们通过事务完成了为两个学生调整宿舍的操作。

【任务小结】

通过对本任务的学习，我们明确了事务执行的全过程，事务执行过程中所包含的具体操作可以提交，也可以进行事务回滚；可以回滚到初始状态，也可以回滚到设置的保存点的状态，为解决实际业务问题做好了准备。

6.1.4 任务拓展：事务的模式

对于一个 MySQL 数据库（使用 InnoDB 存储引擎），事务的开启与提交模式有两种情况。

1. 参数 autocommit=0

若参数 autocommit=0，事务则在用户本次对数据进行操作时自动开启，在用户执行 COMMIT 语句时提交，用户本次对数据库开始进行操作到用户执行 COMMIT 语句之间的一系列操作为一个完整的事务周期。若不执行 COMMIT 语句，系统则默认进行事务回滚。总而言之，当前情况下事务需要手动提交。

2. 参数 autocommit=1

若参数 autocommit=1（系统默认值），事务的开启与提交又分为两种状态。

（1）手动开启、手动提交

当用户执行 START TRANSACTION 语句时，一个事务开启，当用户执行 COMMIT 语句时当前事务提交。从用户执行 START TRANSACTION 语句到用户执行 COMMIT 语句之间的一系列操作为一个完整的事务周期。若不执行 COMMIT 语句，系统则默认进行事务回滚。

（2）自动开启、自动提交

如果用户在当前情况下未执行 START TRANSACTION 语句而对数据库进行了操作，系统则默认用户对数据库的每一个操作为一个孤立的事务，也就是说用户每进行一次操作系统都会即时提交或者即时回滚。这种情况下用户的每一个操作都是一个完整的事务周期。

任务 6.2 事务隔离级别

【任务描述】

随着信息化教学程度的不断提升，对于学生的考核逐渐从期末考核过渡到过程考核与期末考核相结合的考核模式，对表现出色的学生，教师可以在最终成绩的基础上加入一定的奖励分。我们利用事务的隔离级别来演示学生查看成绩的过程。

V6-2 事务隔离级别-1

V6-3 事务隔离级别-2

【任务分析】

学生成绩管理系统的成绩表中存储了学生的成绩信息，如果学生所在的客户端隔离级别为读取提交，在查看成绩时有可能出现两次查询结果不一致的情况，即不可重复读现象，此时只有提高学生所在客户端的隔离级别才能避免不可重复读现象的产生。假设教师所在的客户端是 T，学生所在的客户端是 S，我们利用事务的隔离级别来演示查看成绩时出现不可重复读现象以及解决不可重复读现象的全过程。

6.2.1 隔离级别介绍

由于数据库允许多用户、多线程并发访问，因此为了保证并发访问时事务操作数据的正确性，数据库提出事务隔离级别的概念。在事务的并发操作中可能会出现脏读、不可重复读和幻读现象。

① 脏读：事务 A 读取了事务 B 更新的数据，之后事务 B 执行回滚操作，那么事务 A 读取到的数据是脏数据。

② 不可重复读：事务 A 多次读取同一数据，事务 B 在事务 A 多次读取的过程中，对数据进行了更新并提交，导致事务 A 多次读取同一数据时结果不一致。

③ 幻读：幻读是指当事务不是独立执行时发生的一种现象。事务 A 对表中的数据进行修改操作，且这种修改会影响到表中的全部记录；同时，事务 B 也修改这个表中的记录，且事务 B 的修改是向该表中插入一行新数据。这就导致事务 A 的用户发现表中还存在没有修改的数据行，就好像产生了"幻觉"，这就是幻读现象。

MySQL 提供了 4 种不同的事务隔离级别，由低到高分别为读取未提交（Read Uncommitted）、读取提交（Read Committed）、可重复读（Repeatable Read，默认隔离级别）和可串行化（Serializable）。这 4 种隔离级别强度逐渐增强，性能逐渐变差。采用哪种隔离级别要根据系统需求权衡决定，可重复读是 MySQL 的默认隔离级别。

1. 读取未提交

读取未提交，顾名思义，是指读到了其他事务未提交的数据。读取未提交在事务隔离级别中属于最低的级别，存在脏读现象。未提交意味着这些数据不一定最终存储到数据库中，或者存在事务回滚的可能。由于读取未提交隔离级别下存在脏读现象，一般为了保证数据的一致性，几乎不会使用此隔离级别。

为了避免脏读问题，可将隔离级别调整为读取提交。

【案例 6-4】在读取未提交隔离级别下，验证脏读现象。

我们以客户端 A 用户张红和客户端 B 用户王梅之间转账为例，将客户端 B 的隔离级别调整为读取未提交，演示客户端 B 的脏读现象。

① 使用 transacdb 数据库：

```
USE transacdb;
```

② 重置客户端 A 用户张红和客户端 B 用户王梅的账户余额为 500 元：

```
UPDATE t_user
SET u_account=500
WHERE u_name IN('张红','王梅');
```

③ 演示读取未提交隔离级别下的脏读现象，如表 6-1 所示。

表 6-1 读取未提交隔离级别下的脏读现象

客户端 A 操作	张红余额	王梅余额	客户端 B 操作	王梅余额
	500	500		500
			SELECT @@session.transaction_isolation; #查看客户端 B 隔离级别，显示为读取提交 SET SESSION TRANSACTION ISOLATION LEVEL READ UNCOMMITTED; #设置客户端 B 隔离级别为读取未提交	500

续表

客户端 A 操作	张红余额	王梅余额	客户端 B 操作	王梅余额
START TRANSACTION; #开启事务	500	500		500
UPDATE t_user SET u_account=u_account-100 WHERE u_name='张红'; #张红账户减少 100 元 UPDATE t_user SET u_account=u_account+100 WHERE u_name='王梅'; #王梅账户增加 100 元	400	600		600
SELECT * FROM t_user #查看王梅账户余额，结果为 600 元			SELECT * FROM t_user #查看王梅账户余额，结果为 600 元	600
ROLLBACK;	500	500		500
			SELECT * FROM t_user #查看王梅账户余额，结果为 500 元。 读到了客户端 A 回滚后的数据，和第一次查询的结果不一样，出现脏读现象	500

本案例中，由于王梅所在的客户端 B 隔离级别为读取未提交，在张红转账后其客户端 A 开启的事务并未提交，王梅查询账户余额时，读取到的是事务未提交的数据，此时事务可回滚也可提交，最终在客户端 A 事务回滚后，张红发现账户余额没有增加，两次查询结果不同，即出现读取未提交隔离级别下的脏读现象。

2. 读取提交

读取提交满足了事务隔离的简单需求，即一个事务只能看见已经提交事务所做的改变。也就是只能读取其他事务已经提交的数据和结果，避免了脏读现象的产生。

读取提交是大多数 DBMS（如 SQL Server、Oracle 等）的默认隔离级别，但不包括 MySQL。读取提交隔离级别下事务只能读取其他事务已经提交的数据，很好地避免了脏读问题。但是读取提交隔离级别下存在不可重复读的问题，即在同一个事务中多次查询的结果不一致，其原因是查询过程中数据发生了改变。

为了避免不可重复读的问题，可以将隔离级别调整为可重复读。

【案例 6-5】在读取提交隔离级别下，验证不可重复读现象。

我们以客户端 A 用户张红和客户端 B 用户王梅之间转账为例，将客户端 B 的隔离级别调整为读取提交，演示客户端 B 的不可重复读现象。

① 使用 transacdb 数据库：

```
USE transacdb;
```

② 重置客户端 A 用户张红和客户端 B 用户王梅的账户余额为 500 元：

```
UPDATE t_user
SET u_account=500
WHERE u_name IN('张红','王梅');
```

③ 演示读取提交隔离级别下的不可重复读现象，如表 6-2 所示。

表 6-2 读取提交隔离级别下的不可重复读现象

客户端 A 操作	张红余额	客户端 B 操作	张红余额
	500		500
		SELECT @@session.transaction_isolation; #查看客户端 B 隔离级别，显示为读取提交	500
	500	START TRANSACTION; #开启事务	500
		SELECT * FROM t_user WHERE u_name='张红'; #查看张红账户余额	500
UPDATE t_user SET u_account=u_account-100 WHERE u_name='张红'; #张红账户减少 100 元	400		400
		SELECT * FROM t_user WHERE u_name='张红'; #查看张红账户余额，结果为 400 元。 读到了客户端 A 修改的数据，和第一次查询的结果不一样，出现不可重复读现象	400
		COMMIT;	400

本案例中，由于王梅所在的客户端 B 隔离级别为读取提交，在客户端 B 开启事务后，第一次查询张红账户余额为 500 元，之后张红账户减少 100 元，客户端 B 第二次查询张红账户余额为 400 元。在客户端 B 开启事务后，两次查询张红的账户余额不同，出现不可重复读现象。

为了保证数据的一致性，将客户端 B 的隔离级别修改为可重复读，可避免出现不可重复读现象。

3. 可重复读

可重复读是 MySQL 的默认隔离级别。它能够确保同一事务的多个实例在并发读取数据时得到同样的数据。它能够避免脏读和不可重复读现象的出现。

该隔离级别下理论上会出现幻读问题。幻读又称为虚读，是指在一个事务内两次查询中记录条数不一致。比如其他事务做了插入记录的操作，导致记录条数增加。不过，MySQL 的 InnoDB 存储引擎已经解决了幻读问题。

为了避免幻读问题，可以将隔离级别调整为可串行化。

【案例 6-6】在可重复读隔离级别下，验证幻读现象。

我们以客户端 A 和客户端 B 查询记录条数为例，在客户端 A 进行插入操作后，演示客户端 B 进行更新操作时产生的幻读现象。

① 使用 transacdb 数据库：

```
USE transacdb;
```

② 演示可重复读隔离级别下的幻读现象，如表 6-3 所示。

表 6-3　可重复读隔离级别下的幻读现象

客户端 A 操作	记录条数	客户端 B 操作	记录条数
SELECT count(*) FROM t_user;	4	SELECT count(*) FROM t_user;	4
		SELECT @@session.transaction_isolation; #查看客户端 B 隔离级别，显示为可重复读	
		START TRANSACTION; #开启事务	4
START TRANSACTION; #开启事务	4		4
INSERT INTO t_user VALUES ('6666','李梦茹','女',1000);	5		4
COMMIT;	5		4
		SELECT count(*) FROM t_user;	4
		UPDATE T_User SET u_account=u_account+100; #客户端 B 进行更新操作时原本以为是 4 条记录，但实际受影响的是 5 条记录。此时客户端 B 产生幻读现象	5
		SELECT count(*) FROM t_user;	5
		COMMIT;	5

本案例中，客户端 B 采用默认的隔离级别可重复读。客户端 A 和客户端 B 各开启一个事务，此时表中的记录条数为 4，之后客户端 A 插入了一条新记录，并提交事务。客户端 B 在事务执行过程中一直以为是 4 条记录，并对表中的所有记录做了更新操作，每人增加 100 元，结果发现 5 条记录受影响，产生幻读现象。

可以将隔离级别调整为可串行化，来避免出现幻读现象。

4. 可串行化

可串行化是事务隔离的最高级别，它通过强制事务排序，使事务之间不可能出现冲突现象。可串行化隔离级别下，在每个数据行上都被加锁，避免事务之间相互影响，解决了脏读、不可重复读和幻读的问题。

由于加锁可能导致大量超时（Timeout）和锁竞争（Lock Contention）现象，因此其性能是 4 种隔离级别中最低的。为了数据的稳定性，需要强制减少并发的情况时，才会选择此种隔离级别。

如果一个事务使用了可串行化隔离级别，则在这个事务没有提交之前，其他的事务只能等到当前操作完成之后才能进行操作，非常耗时，且影响数据库的性能，因此通常情况下不会使用这种隔离级别。

【案例 6-7】在可串行化隔离级别下，验证解决幻读问题。

我们以客户端 A 和客户端 B 查询记录条数为例，在客户端 A 进行插入操作后，演示客户端 B 进行更新操作时，在可串行化隔离级别下解决幻读问题。

① 使用 transacdb 数据库：

```
USE transacdb;
```

② 演示可串行化隔离级别下解决幻读问题，如表 6-4 所示。

表 6-4　可串行化隔离级别下解决幻读问题

客户端 A 操作	记录条数	客户端 B 操作	记录条数
SELECT count(*) FROM t_user;	5	SELECT count(*) FROM t_user;	5
	5	SELECT @@session.transaction_ isolation; #查看客户端 B 隔离级别，显示为可重复读	5
	5	SET SESSION TRANSACTION ISOLATION LEVEL SERIALIZABLE; #将客户端 B 隔离级别修改为可串行化	5
		START TRANSACTION; #开启事务	5
START TRANSACTION; #开启事务	5		5
INSERT INTO t_user VALUES ('8888','刘明超','男',2000);	6		
COMMIT;	6		
		SELECT count(*) FROM t_user; #此时查看到表中记录条数已经变为 6	6
		COMMIT;	6

本案例中，客户端 B 采用隔离级别可串行化。客户端 A 和客户端 B 各开启一个事务，此时表中的记录条数为 5，之后客户端 A 又插入了一条新记录，并提交事务。客户端 B 在事务执行过程中查看表中记录条数，发现表中记录条数已经增加为 6，在可串行化隔离级别下解决了幻读问题。

我们通过表 6-5 总结出了不同隔离级别下脏读、不可重复读和幻读问题的解决情况。

表 6-5　不同隔离级别下脏读、不可重复读和幻读问题的解决情况

事务隔离级别	脏读	不可重复读	幻读
读取未提交	是	是	是
读取提交	否	是	是
可重复读	否	否	是
串行化	否	否	否

6.2.2　任务实施

① 查看学生客户端 S 的隔离级别。

```
SELECT @@session.transaction_isolation;
```

② 修改学生客户端 S 的隔离级别为读取提交。

```
SET SESSION TRANSACTION ISOLATION LEVEL READ COMMITTED;
```

③ 在学生客户端 S 开启一个事务，并查看表中记录。

执行开启事务的语句，并查看学号为"35092001007"的学生记录。

```
#开启事务
START TRANSACTION;
#查看学号为"35092001007"的学生记录
SELECT * FROM t_score WHERE stuno='35092001007';
```

查询结果如图 6-9 所示。

图 6-9　读取提交隔离级别下第一次查看的学生记录

④ 在教师客户端 T 修改学生成绩。

```
#修改学生学号为"35092001007"的成绩信息，在原来的成绩基础上加 2 分
UPDATE t_score
SET score=score+2 WHERE stuno='35092001007';
```

⑤ 在学生客户端 S 查看表中记录。

查看学号为"35092001007"的学生记录。

```
#查看学号为"35092001007"的学生记录
SELECT * FROM t_score WHERE stuno='35092001007';
```

查询结果如图 6-10 所示。

图 6-10　读取提交隔离级别下第二次查看的学生记录

此时我们看到在一个事务内，两次查询到的学号为"35092001007"的学生成绩不同，即

在读取提交隔离级别下出现不可重复读现象。

⑥ 提交事务。

```
COMMIT;
```

⑦ 修改学生客户端 S 的隔离级别为可重复读。

```
SET SESSION TRANSACTION ISOLATION LEVEL REPEATABLE READ;
```

⑧ 重复操作步骤①~步骤⑥，我们在学生客户端 S 查看成绩时，会在教师客户端 T 修改成绩前后得到相同查询结果。这里的操作过程不赘述，请同学们自行完成。

将隔离级别调整为可重复读后，避免了不可重复读现象的产生。至此，我们通过事务隔离级别调整，完成了学生查看成绩的操作，并解决了不可重复读问题。

【任务小结】

我们通过本任务的实施，完成了查看事务隔离级别、设置事务隔离级别的学习。读者可以通过更改事务的隔离级别解决实际业务问题。

6.2.3　知识拓展：事务隔离级别的作用范围

事务隔离级别的作用范围分为两种，即全局级和会话级，全局级表示对所有的会话有效，而会话级表示只对当前的会话有效。

设置会话级隔离级别为读取提交，代码如下：

```
SET TRANSACTION ISOLATION LEVEL READ COMMITTED;
#或
SET SESSION TRANSACTION ISOLATION LEVEL READ COMMITTED;
```

设置全局级隔离级别为读取提交，代码如下：

```
SET GLOBAL TRANSACTION ISOLATION LEVEL READ COMMITTED;
```

项目总结

本项目首先介绍了事务的概念、事务的作用及事务执行的步骤，然后介绍了事务的隔离级别及使用场景，我们可以合理使用事务来解决实际问题。

项目实战

对网上订餐系统数据库 onlineordsysdb 完成如下操作：利用事务完成某用户注册、订餐、员工送餐的全过程。

习题训练

一、选择题

1. 下列选项中，关于 MySQL 中开启事务的 SQL 语句，正确的是（　　　）。

A. TRANSACTION START;

  B．START TRANSACTION；

  C．END TRANSACTION；

  D．STOP TRANSACTION；

2．下列选项中，用于实现事务回滚操作的语句是（　　　）。

  A．ROLLBACK TRANSACTION；   B．ROLLBACK；

  C．END COMMIT；   D．END ROLLBACK ；

3．下列事务隔离级别中，隔离级别最低的是（　　　）。

  A．读取未提交   B．读取提交

  C．可重复读   D．可串行化

4．以下不存在脏读现象的隔离级别是（　　　）。

  A．读取未提交   B．读取提交

  C．可重复读   D．可串行化

5．MySQL 默认隔离级别是（　　　）。

  A．读取未提交   B．读取提交

  C．可重复读   D．可串行化

二、判断题

1．事务一旦开启，最终必须提交事务才能结束。（　　　）

2．MySQL 默认的隔离级别为读取提交。（　　　）

3．事务的读取提交隔离级别解决了脏读问题。（　　　）

4．由于可串行化性能最低，因此强烈建议不使用此隔离级别。（　　　）

5．事务的 4 种隔离级别越高越好，越低越差。（　　　）

6．根据用户需求选择合适的隔离级别，才能更好地提升数据库的性能。（　　　）

7．一个事务内可以设置多个保存点。（　　　）

8．事务回滚的结果是使数据回到事务执行前的状态。（　　　）

三、简答题

1．简述什么是事务。

2．简述事务的作用。

3．描述事务的基本操作步骤。

4．简述事务的 ACID 特性。

5．对比事务的不同隔离级别、存在的问题及性能。

项目7
使用程序逻辑操作学生成绩管理系统数据库

07

项目描述

    随着"信息时代"对信息处理的要求不断增多，数据处理在计算机应用中将越来越重要，我们往往把复杂的数据处理逻辑放在数据库中，即数据库编程。MySQL 提供了函数、存储过程、触发器、事件等数据对象来实现复杂的数据处理逻辑。本项目在数据库编程基础上，详细介绍函数、存储过程、触发器在系统开发中的作用，并通过实例详细讲解其使用方法。

学习目标

知识目标
① 掌握变量、常量、各种流程控制语句和游标的使用方法。
② 熟练掌握存储过程的创建方法。
③ 掌握调用、查看、修改和删除存储过程的方法。
④ 掌握触发器的使用方法。

技能目标
① 能够根据需求使用各种流程控制语句。
② 能够根据实际情况灵活使用存储过程。
③ 能够根据需求创建触发器，保障数据的安全。

素养目标
① 培养以爱国主义为核心的民族精神、以改革创新为核心的时代精神。
② 培养数据合法性检查的编程规范意识。
③ 提高数据管理效率，培养精益求精的工匠精神。

任务 7.1　编程基础知识

V7-1　编程
基础知识

【任务描述】

任何一种编程语言都是为了解决实际问题而存在的，数据库也可以使用程序方式进行操作。本任务查询学生成绩管理系统数据库中 t_score 表中的学生平均成绩，根据平均成绩显示不同的结果。

【任务分析】

本任务用到了定义变量、流程控制等知识。查询学生成绩管理系统数据库中 t_score 表中的学生成绩，需要先建立存储过程，在存储过程中实现功能。

7.1.1　常量的使用

常量是指在程序运行过程中，其值不会改变的量，一个数字、一个字符或一个字符串都可以是一个常量。常量可以分为数值常量、字符串常量、日期和时间型常量以及布尔型常量、NULL 常量等。

数值常量可以分成整数型常量和浮点型常量。整数型常量即不带小数点的十进制数，如 45、7800、+14742548、−65535；浮点型常量是带小数点的常量，如 3.14、−5.26 等。

字符串常量是指使用单引号或双引号标准的字符序列，如'hello'和'你好'等。

日期型常量包括年、月、日，数据类型为 DATE，表示为'2021-4-5'；时间型常量包括小时、分、秒和微秒，数据类型为 TIME，表示为'14:40:34:00'；日期和时间型常量包括年、月、日、小时、分、秒，数据类型为 DATETIME，表示为'2020-10-10 13:30:35:00'.

布尔型常量只包含 TRUE 和 FALSE 两个值，其中 TRUE 表示真，数字值为 1；FALSE 表示假，数字值为 0。

NULL 常量表示"没有值""无数据"等。

【案例 7-1】 计算 60 和 76 的乘积，使用如下 SQL 语句，执行结果如图 7-1 所示。

【案例 7-2】 获取字符串的值，使用如下 SQL 语句，执行结果如图 7-2 所示。

图 7-1　常量的使用（1）

图 7-2　常量的使用（2）

7.1.2　变量的使用

变量是指在程序运行过程中，其值可以改变的量，可以分为用户变量、系统变量、局部变量。

1．用户变量

用户变量即用户定义的变量。用户变量可以被赋值，也可以被引用，用户变量的名称由"@"字符作为前缀标识符。用户变量在使用前必须定义和初始化，如果使用没有初始化的用户变量，则其值为空。

定义和初始化一个用户变量可以使用 SET 语句，其语法格式如下：

```
SET @<变量名 1>=<表达式 1>[,@<变量名 2>=<表达式 2>…];
```

对于 SET 语句，可以使用"="或":="作为赋值运算符，也可以用 SELECT 语句对变量进行赋值，SELECT 语句使用的赋值运算符只能是":="，因为在非 SET 语句中"="被视为比较运算符。

【案例 7-3】为用户变量赋值，代码如下：

```
SET @index=3;
SELECT  stuno,stuname FROM t_students WHERE stuno='35091903024' INTO @no,@name;
SELECT @index,@CLASS:='1 班',@no,@name;
```

执行结果如图 7-3 所示。

图 7-3　用户变量的使用

2．系统变量

MySQL 的系统变量实际上是一些系统参数，当 MySQL 服务器启动的时候，系统变量被引入并初始化默认值。系统变量分为全局系统变量和会话系统变量。

① 全局系统变量：当 MySQL 服务器启动的时候，全局系统变量就被初始化了，并且应用于每个已启动的会话。全局系统变量对所有客户端有效，其值能应用于当前连接，也能应用于其他连接，直到服务器重新启动为止。

② 会话系统变量：会话系统变量对当前连接的客户端有效，只适用于当前的会话。会话系统变量的值是可以改变的，但是其值仅适用于正在运行的会话，不适用于其他会话。

在 MySQL 中，有些系统变量的值是不可改变的，如 Version 和系统日期，而有些系统变量的值可以通过 SET 语句来修改。在为系统变量设定新值的语句中，使用 GLOBAL 或"@@global."关键字的是全局系统变量，使用 SESSION 或"@@local."关键字的是会话系统变量，此外使用 Local 关键字的也是会话系统变量。如果在使用系统变量时不指定关键字，则该系统变量默认为会话系统变量。

【案例 7-4】设置和查看系统变量，代码如下：

```
SET @@wait_timeout=10000; -- 会话系统变量
SET @@session.wait_timeout=20000; -- 会话系统变量
```

```
SET SESSION wait_timeout=30000; -- 会话系统变量
SET @@global.wait_timeout=10000; -- 全局系统变量
SET GLOBAL wait_timeout=15000; -- 全局系统变量
SELECT @@wait_timeout, @@global.wait_timeout;
```

执行结果如图 7-4 所示。

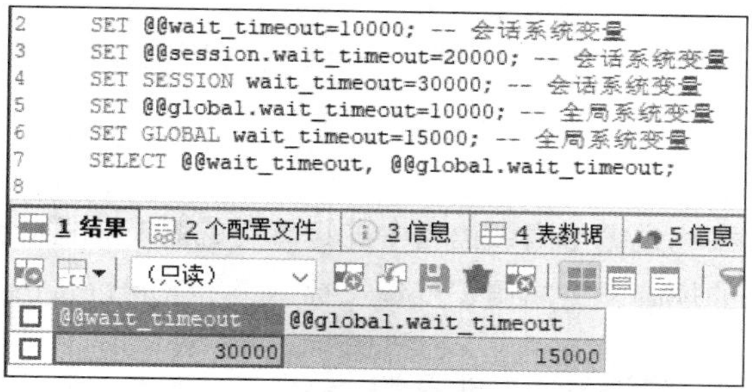

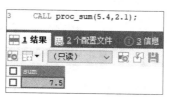

图 7-4　系统变量的使用

3．局部变量

局部变量是可以保存单个特定类型数据的变量，其有效作用范围为存储过程和自定义函数的 BEGIN 和 END 之间的语句块，在语句块执行完毕后，局部变量就消失了，其他语句块不可以使用该局部变量。局部变量必须先定义后使用，使用 DECLARE 语句声明局部变量的语法格式如下：

```
DECLARE <变量名称><数据类型>[DEFAULT<默认值>];
```

DEFAULT 子句用于给变量指定一个默认值，如果不指定，则默认为 NULL。

【案例 7-5】定义名称为 "proc_sum" 的存储过程，求两个数的和，代码如下：

```
DELIMITER $$
CREATE PROCEDURE proc_sum(IN xx FLOAT,IN yy FLOAT)
BEGIN
DECLARE zz FLOAT DEFAULT 0.0;
SET zz=xx+yy;
SELECT zz AS 'sum';
END $$;
DELIMITER ;
```

执行结果如图 7-5 所示。

图 7-5　局部变量的使用

7.1.3　运算符和表达式的使用

运算符是执行数学运算、字符串连接以及常量和变量比较的符号，按照功能可分为以下几种。

- 算术运算符：+、−、*、/、%。
- 比较运算符：=、>、<、>=、<=、<>、!=、<=>。
- 赋值运算符：=、:=。
- 逻辑运算符：!（NOT）、&&（AND）、||（OR）、XOR。
- 位运算符：&（位与）、^（位异或）、<<（位左移）、>>（位右移）、~（位取反）、|（位或）。
- 一元运算符：+（正）、−（负）。

以上运算符的意义和优先级与高级语言中的运算符的基本相同，这里不赘述。

表达式是按照一定的规则，将常量、变量、标识符等连接而成的有意义的式子。

7.1.4　MySQL 的流程控制语句

流程控制语句只能放在存储过程体、存储函数体或触发器动作中来控制程序的执行流程，不能单独执行。存储过程中的流程控制语句用于将多条 SQL 语句划分或组合成符合业务逻辑的代码块。

V7-2　MySQL 的流程控制语句

1. 条件分支语句

（1）IF 语句

IF 语句语法格式如下：

```
IF（<条件表达式>,结果 1,结果 2）;
```

其中，当条件表达式的值为 TRUE 时，返回结果 1，否则返回结果 2。

（2）IFNULL 语句

IFNULL 语句语法格式如下：

```
IFNULL(结果 1,结果 2);
```

其中，若结果 1 的值不为空，则返回结果 1，否则返回结果 2。

（3）IF…ELSE 语句

IF…ELSE 语句用于实现多路分支，其语法格式如下：

```
IF <条件表达式 1> THEN <语句块 1>
[ELSEIF <条件表达式 2> THEN <语句块 2>]
…
[ELSE <语句块 n>]
END IF;
```

当条件表达式 1 的值为 TRUE 时，执行语句块 1，否则判断条件表达式 2，如果条件表达式 2 的值为 TRUE，则执行语句块 2，以此类推，如果所有条件表达式的值都不为 TRUE，则执行语句块 n。

【案例 7-6】查询教师姓名为"刘依然"的教师是否教课，如果教课则显示"刘老师教课"，并把所教科目显示出来，否则显示"刘老师不教课"。

输入如下代码：

```
DELIMITER $$
CREATE  PROCEDURE my_course()
BEGIN
  DECLARE t_number INT;
  SELECT  COUNT(*)  INTO t_number FROM t_course,t_teachers
     WHERE t_teachers.teano=t_course.teano AND t_teachers.teaname='刘依然';
  IF t_number>0 THEN
     SELECT '刘老师教课';
     SELECT courseno,coursename,t_teachers.teano,t_teachers.teaname
 FROM t_course,t_teachers
     WHERE t_teachers.teano=t_course.teano AND t_teachers.teaname='刘依然';
  ELSE
     SELECT '刘老师不教课';
  END IF;
END $$
DELIMITER ;
```

执行上述代码，创建存储过程成功，输入"CALL my_course;"执行存储过程，可以看到 IF 语句的执行结果，如图 7-6 所示。所教课程如图 7-7 所示。

图 7-6 使用 IF 分支语句的查询结果（1）

图 7-7 使用 IF 分支语句的查询结果（2）

（4）CASE 语句

CASE 语句用于计算表达式的值并返回多个可能结果中的一个，可用于实现程序的多分支结构。MySQL 中，CASE 语句有两种形式。

第一种形式为简单 CASE 语句，其语法格式如下：

```
CASE <输入表达式>
    WHEN<表达式 1>  THEN <语句块 1>
    WHEN<表达式 2>  THEN <语句块 2>
…
[ELSE <语句块 n>]
END CASE;
```

简单 CASE 语句用于将某个表达式与一组简单表达式进行比较以确定其返回值。将"输入表达式"与各个 WHEN 子句后面的"表达式"进行比较，如果相等，则执行对应的语句块，然后跳出 CASE 语句，不再执行后面的 WHEN 语句；如果 WHEN 子句中没有与"输入表达式"相等的"表达式"，且有 ELSE 子句，则执行 ELSE 子句后面的语句块；否则，什么也不执行。

第二种形式为搜索 CASE 语句，其语法格式如下：

```
CASE
    WHEN<逻辑表达式 1>  THEN <语句块 1>
    WHEN<逻辑表达式 2>  THEN <语句块 2>
…
[ELSE <语句块 n>]
END CASE;
```

搜索 CASE 语句用于计算一组逻辑表达式以确定返回结果。其执行过程为：先计算第一个 WHEN 子句后面的"逻辑表达式 1"的值，如果其值为 TRUE，则执行对应的"语句块 1"；如果其值为 FALSE，则按顺序计算 WHEN 子句后面的逻辑表达式的值，哪一个逻辑表达式的值为 TRUE，则执行对应的逻辑表达式后面的语句块；如果所有逻辑表达式的值都为 FALSE，且有 ELSE 子句，则执行 ELSE 子句后面的语句块；否则，什么也不执行。

【案例 7-7】查询 t_teachers 表中教师职称编号 profetitleno 的值，使用 CASE 语句设置"Z001"津贴为 500，"Z002"津贴为 600，"Z003"津贴为 700，"Z004"津贴为 800，其余津贴为 480。

输入如下代码：

```
DELIMITER $$
CREATE  PROCEDURE my_salary()
BEGIN
    SELECT  teaname,profetitleno,
        CASE
        WHEN  profetitleno='Z001' THEN 500
        WHEN  profetitleno='Z002' THEN 600
        WHEN  profetitleno='Z003' THEN 700
        WHEN  profetitleno='Z004' THEN 800
        ELSE 480
        END  AS salary
    FROM t_teachers;
 END $$
DELIMITER ;
```

执行上述代码，创建存储过程成功，输入"CALL my_salary;"执行存储过程，可以看到 CASE 语句的执行结果，如图 7-8 所示。

2. 循环语句

在编写程序时经常用到循环语句。循环语句可以在函数、存储过程或者触发器等中使用。MySQL 中的循环语句有 3 种：WHILE 循环语句、REPEAT 循环语句和 LOOP 循环语句。

V7-3 循环语句

（1）WHILE 循环语句

WHILE 循环语句用于实现循环结构，是有条件控制的循环语句，当满足某种条件时执行循环体。WHILE 循环语句的语法格式如下：

图 7-8 使用 CASE 语句的查询结果

```
[开始标签:]
WHILE <条件表达式> DO
```

```
<语句块>
END WHILE[结束标签];
```

执行过程如下：首先判断条件表达式的值，如果为 TRUE，则执行语句块，再判断条件表达式的值，如果为 TRUE，则继续执行语句块，直到条件表达式的值为 FALSE，结束循环。"开始标签"和"结束标签"是 WHILE 循环语句的标注，除非"开始标签"存在，否则"结束标签"不能出现，并且如果两者都出现，则它们的名称必须是相同的。"开始标签"和"结束标签"通常可以省略。

（2）REPEAT 循环语句

REPEAT 循环语句也是有条件控制的循环语句，当满足特定条件时，就会跳出循环语句。其语法格式如下：

```
[开始标签:]
REPEAT 语句块;
UNTILE <条件表达式>
END REPEAT[结束标签];
```

执行过程如下：首先执行语句块，然后判断条件表达式的值，如果为 TRUE 则停止循环，如果为 FALSE 则继续循环。REPEAT 循环语句也可以被标注。REPEAT 循环语句和 WHILE 循环语句的区别是：REPEAT 循环语句先执行语句块再判断条件表达式，而 WHILE 循环语句先判断条件表达式，若其值为 TRUE 则执行语句。

（3）LOOP 循环语句

LOOP 循环语句可以使某些语句重复执行，实现一些简单的循环。但是 LOOP 语句本身没有停止循环的子句，必须和 LEAVE 语句结合使用来停止循环。其语法格式如下：

```
[开始标签:]LOOP
语句块;
END LOOP[结束标签];
```

循环体内的语句块一直重复执行直到循环被强制终止，终止循环通常使用 LEAVE 语句。

LEAVE 语句主要用于跳出循环，经常和循环语句一起使用，其语法格式如下：

```
LEAVE <标签名>;
```

LEAVE 语句可以跳出被标注的循环语句，标签名是自定义的。

除 LEAVE 语句外，ITERATE 语句用于跳出本次循环，直接进入下一次循环，其语法格式如下：

```
ITERATE <标签名>;
```

LEAVE 语句和 ITERATE 语句都是用来跳出循环的，其中 LEAVE 语句跳出整个循环，而 ITERATE 语句跳出本次循环，进行下一次循环。

【案例 7-8】计算 1 到 100 的和。

求 1 到 100 的和，使用循环语句实现。如果使用 WHILE 循环语句，则在命令窗口输入如下代码：

```
DELIMITER $$
CREATE  PROCEDURE sum_while()
```

```
BEGIN
    SET @i=1;
    SET @sum=0;
    WHILE @i<=100 DO
        SET @sum=@sum+@i;
        SET @i=@i+1;
    END WHILE;
    SELECT @sum;
 END $$
DELIMITER ;
```

执行上述代码，创建存储过程成功，输入"CALL sum_while;"执行存储过程，可以看到 WHILE 循环语句的执行结果，如图 7-9 所示。

图 7-9 使用 WHILE 循环语句求 1 到 100 的和的执行结果

如果使用 REPEAT 循环语句，则代码如下：

```
DELIMITER $$
CREATE  PROCEDURE sum_repeat()
BEGIN
    SET @i=1;
    SET @sum=0;
    REPEAT
        SET @sum=@sum+@i;
        SET @i=@i+1;
    UNTIL @i>100
    END REPEAT;
    SELECT @sum;
 END $$
DELIMITER ;
```

另外，我们还可以使用 LOOP 循环语句，在 LOOP 循环语句中，我们需要使用 LEAVE 语句跳出循环，代码如下：

```
DELIMITER $$
CREATE  PROCEDURE sum_loop()
BEGIN
    SET @i=1;
    SET @sum=0;
   sumloop1:LOOP
        SET @sum=@sum+@i;
        SET @i=@i+1;
     IF @i>100  THEN  LEAVE sumloop1;
 END IF;
  END LOOP sumloop1;
    SELECT @sum;
 END $$
DELIMITER ;
```

7.1.5　任务实施

① 打开 SQLyog 软件，创建存储过程 myscore。在命令窗口输入如下代码：

```
DELIMITER $$
CREATE PROCEDURE  myscore()
  BEGIN
    DECLARE avg_score FLOAT;
    SELECT AVG(score) INTO avg_score FROM  t_score WHERE stuno='35092001021';
    IF avg_score>90 THEN
     SELECT avg_score AS '平均分','平均分大于 90，很优秀！' AS '描述';
    ELSE
     SELECT avg_score AS '平均分','平均分小于 90，继续努力！' AS '描述';
    END IF;
  END $$
DELIMITER ;
```

执行上述代码，存储过程 myscore 创建成功。

② 先查看成绩表中的学生成绩信息，如图 7-10 所示。然后调用存储过程并查看结果，学号为"35092001021"的学生的平均分为 92 分，如图 7-11 所示。

图 7-10　成绩表中的学生成绩信息

图 7-11　调用存储过程 myscore 的结果

【任务小结】

本任务介绍了 MySQL 数据库编程基础，包括常量的使用、变量的使用、流程控制语句中的分支语句和循环语句。本任务的重点是流程控制语句的使用。

7.1.6　知识拓展：常用函数的使用

MySQL 提供了大量的内置函数，可以帮助用户方便地处理各种数据，这些函数包括数学函数、字符串函数、日期和时间函数等。以下介绍几类常用的函数。

1. 字符串函数

常用的字符串函数如表 7-1 所示。

表 7-1　常用的字符串函数

函数名称	函数意义
ASCII(s)	返回字符串 s 的第一个字符的 ASCII 值
CHAR_LENGTH(s)	返回字符串 s 的字符数
CHARACTER_LENGTH(s)	返回字符串 s 的字符数
CONCAT(s1,s2...)	字符串 s1、s2 等多个字符串合并为一个字符串
CONCAT_WS(x, s1,s2...)	同 CONCAT(s1,s2...) 函数，但是每个字符串之间要加上 x，x 表示分隔符
FIELD(s,s1,s2...)	返回第一个字符串 s 在字符串列表(s1,s2...)中的位置
FIND_IN_SET(s1,s2)	返回在字符串 s2 中与 s1 匹配的字符串的位置
FORMAT(x,n)	该函数可以将数字 x 格式化为"#,###.##"；即将 x 保留到小数点后 n 位，最后一位四舍五入
INSERT(s1,x,len,s2)	使用字符串 s2 替换字符串 s1 的 x 位置开始长度为 len 的字符串
LOCATE(s1,s)	从字符串 s 中获取字符串 s1 的开始位置
LCASE(s)	将字符串 s 的所有字母变成小写字母
LEFT(s,n)	返回字符串 s 的前 n 个字符
LOWER(s)	将字符串 s 的所有字母变成小写字母
LPAD(s1,len,s2)	在字符串 s1 的开始处填充字符串 s2，使字符串长度达到 len
LTRIM(s)	去掉字符串 s 开始处的空格
MID(s,n,len)	从字符串 s 的 n 位置截取长度为 len 的子字符串，同 SUBSTRING(s,n,len)
POSITION(s1 IN s)	从字符串 s 中获取 s1 的开始位置
REPEAT(s,n)	将字符串 s 重复 n 次
REPLACE(s,s1,s2)	将字符串 s2 替代字符串 s 中的字符串 s1
REVERSE(s)	将字符串 s 的顺序反过来
RIGHT(s,n)	返回字符串 s 的后 n 个字符
RPAD(s1,len,s2)	在字符串 s1 的结尾处添加字符串 s2，使字符串的长度达到 len
RTRIM(s)	去掉字符串 s 结尾处的空格
SPACE(n)	返回 n 个空格
STRCMP(s1,s2)	比较字符串 s1 和 s2，如果 s1 与 s2 相等则返回 0，如果 s1>s2 则返回 1，如果 s1<s2 则返回−1
SUBSTR(s, start, length)	从字符串 s 的 start 位置截取长度为 length 的子字符串
SUBSTRING(s, start, length)	从字符串 s 的 start 位置截取长度为 length 的子字符串
SUBSTRING_INDEX(s, delimiter, number)	返回从字符串 s 的第 number 个出现的分隔符 delimiter 之后的子字符串。如果 number 是正数，返回第 number 个分隔符左边的字符串。如果 number 是负数，返回第 number 的绝对值个（从右边数）分隔符右边的字符串
TRIM(s)	去掉字符串 s 开始和结尾处的空格
UCASE(s)	将字符串转换为大写字母
UPPER(s)	将字符串转换为大写字母

2．数学函数

常用的数学函数如表 7-2 所示。

表 7-2　常用的数学函数

函数名称	函数意义
ABS(x)	返回 x 的绝对值
ACOS(x)	求反余弦值（参数是弧度）
ASIN(x)	求反正弦值（参数是弧度）
ATAN(x)	求反正切值（参数是弧度）
ATAN2(n, m)	求反正切值（参数是弧度）
AVG(expression)	返回一个表达式的平均值，expression 是一个字段
CEIL(x)	返回大于或等于 x 的最小整数
CEILING(x)	返回大于或等于 x 的最小整数
COS(x)	求余弦值（参数是弧度）
COT(x)	求余切值（参数是弧度）
COUNT(expression)	返回查询的记录总数，expression 参数是一个字段或者 *
DEGREES(x)	将弧度转换为角度
n DIV m	整除，n 为被除数，m 为除数
EXP(x)	返回 e 的 x 次方
FLOOR(x)	返回小于或等于 x 的最大整数
GREATEST(expr1, expr2, expr3...)	返回列表中的最大值
LEAST(expr1, expr2, expr3...)	返回列表中的最小值
LN	返回数字的自然对数，以 e 为底
LOG(x) 或 LOG(base, x)	返回自然对数（以 e 为底的对数），如果带有 base 参数，则 base 为指定底数
LOG10(x)	返回以 10 为底的对数
LOG2(x)	返回以 2 为底的对数
MAX(expression)	返回字段 expression 中的最大值
MIN(expression)	返回字段 expression 中的最小值
MOD(x,y)	返回 x 除以 y 的余数
PI()	返回圆周率
POW(x,y)	返回 x 的 y 次方
POWER(x,y)	返回 x 的 y 次方
RADIANS(x)	将角度转换为弧度
RAND()	返回 0 到 1 的随机数
ROUND(x)	返回离 x 最近的整数
SIGN(x)	返回 x 的符号，x 是负数、0、正数时分别返回–1、0 和 1
SIN(x)	求正弦值（参数是弧度）
SQRT(x)	返回 x 的平方根

续表

函数名称	函数意义
SUM(expression)	返回指定字段的总和
TAN(x)	求正切值（参数是弧度）
TRUNCATE(x,y)	返回数值 x 保留到小数点后 y 位的值（与 ROUND()函数最大的区别是不会进行四舍五入）

3. 日期和时间函数

常用的日期和时间函数如表 7-3 所示。

表 7-3　常用的日期和时间函数

函数名称	函数意义
ADDDATE(d,n)	计算起始日期 d 加上 n 天的日期
ADDTIME(t,n)	n 是一个时间表达式，计算时间 t 加上时间表达式 n 的值
CURDATE()	返回当前日期
CURRENT_DATE()	返回当前日期
CURRENT_TIME	返回当前时间
CURRENT_TIMESTAMP()	返回当前日期和时间
CURTIME()	返回当前时间
DATE()	从日期或日期和时间表达式中提取日期值
DATEDIFF(d1,d2)	计算日期 d1 和 d2 相隔的天数
DATE_ADD(d，INTERVAL expr type)	计算起始日期 d 加上一个时间段后的日期
DATE_FORMAT(d,f)	按表达式 f 的要求显示日期 d
DATE_SUB(date,INTERVAL expr type)	从指定日期减去指定的时间间隔
DAY(d)	返回日期值 d 的日期部分
DAYNAME(d)	返回日期 d 是星期几，如 Monday、Tuesday
DAYOFMONTH(d)	计算日期 d 是本月的第几天
DAYOFWEEK(d)	计算日期 d 是星期几，1 表示星期日，2 表示星期一，以此类推
DAYOFYEAR(d)	计算日期 d 是本年的第几天
FROM_DAYS(n)	计算从 0000 年 1 月 1 日开始 n 天后的日期
HOUR(t)	返回 t 中的小时值
LAST_DAY(d)	返回给定日期的那一月份的最后一天
LOCALTIME()	返回当前日期和时间
LOCALTIMESTAMP()	返回当前日期和时间
MAKEDATE(year, day-of-year)	基于给定参数年份 year 和所在年中的天数序号 day-of-year 返回一个日期
MAKETIME(hour, minute, second)	组合时间，参数分别为小时、分、秒
MICROSECOND(date)	返回日期参数所对应的微秒数

续表

函数名称	函数意义
MINUTE(t)	返回 t 中的分值
MONTHNAME(d)	返回日期当中的月份名称，如 November
MONTH(d)	返回日期 d 中的月份值，取值范围是 1 到 12
NOW()	返回当前日期和时间
PERIOD_ADD(period, number)	为"年-月"组合日期添加一个时段
PERIOD_DIFF(period1, period2)	返回两个时段之间的月份差值
QUARTER(d)	返回日期 d 是第几个季节，取值范围是 1 到 4
SECOND(t)	返回 t 中的秒值
SEC_TO_TIME(s)	将以秒为单位的时间 s 转换为时分秒的格式
STR_TO_DATE(string, format_mask)	将字符串转变为日期
SUBDATE(d,n)	计算日期 d 减去 n 天后的日期
SUBTIME(t,n)	计算时间 t 减去 n 秒的时间
SYSDATE()	返回当前日期和时间
TIME(expression)	提取传入表达式的时间部分
TIME_FORMAT(t,f)	按表达式 f 的要求显示时间 t
TIME_TO_SEC(t)	将时间 t 转换为秒
TIMEDIFF(time1, time2)	计算时间差值
TIMESTAMP(expression, interval)	只有单个参数时，该函数返回日期或日期和时间表达式；有 2 个参数时，将参数求和
TO_DAYS(d)	计算日期 d 距离 0000 年 1 月 1 日的天数
WEEK(d)	计算日期 d 是本年的第几个星期，取值范围是 0 到 53
WEEKDAY(d)	计算日期 d 是星期几，0 表示星期一，1 表示星期二，以此类推
WEEKOFYEAR(d)	计算日期 d 是本年的第几个星期，取值范围是 0 到 53
YEAR(d)	返回年份
YEARWEEK(date, mode)	返回年份及第几周（0 到 53），mode 中 0 表示星期天，1 表示星期一，以此类推

任务 7.2 使用存储过程和函数实现数据处理

当需要对数据库进行一系列复杂操作以实现具体目的时，可以将这些复杂操作封装成一个代码块，这个代码块就叫存储过程。存储过程可以重复使用，从而可大大减少数据库开发人员的工作量。

【任务描述】

在学生成绩管理系统数据库中创建、查看、删除存储过程。

【任务分析】

以学生成绩管理系统为例来体验存储过程的应用。需要通过存储过程完成以下操作：分别使用 SQLyog 界面操作和 SQL 语句创建存储过程 proc1 和 proc2；查看、删除存储过程。

7.2.1 管理存储过程

V7-4 存储
过程-1

V7-5 存储
过程-2

1. 创建存储过程

创建存储过程的基本语法格式如下：

```
CREATE PROCEDURE name([parameter])[characteristics...]routine_body
```

语法说明如下。

① CREATE PROCEDURE：用来创建存储过程的关键字。

② name：存储过程的名称。

③ parameter：用于指定存储过程的参数列表。

④ characteristics：用于指定存储过程的特性。

2. 调用存储过程

调用存储过程的语法格式如下：

```
CALL name([parameter[,…]])
```

语法说明如下。

① name：表示定义好的存储过程的名称。

② parameter：表示存储过程的参数。

（1）创建和调用带输入参数的存储过程

【案例 7-9】创建存储过程 proc3，实现输入学生的学号，查询学生的信息。

输入如下代码：

```
DELIMITER $$
CREATE PROCEDURE proc3(IN stuid VARCHAR(30))
BEGIN
SELECT stuno,stuname,stugender,stubirth  FROM t_students
 WHERE stuno=stuid;
END $$
DELIMITER ;
```

调用存储过程，查询学号为"35091903024"的学生信息，代码如下：

```
CALL proc3('35091903024');
```

执行结果如图 7-12 所示。

图 7-12 调用存储过程 proc3 的结果

（2）创建和调用带输入和输出参数的存储过程

【案例 7-10】创建存储过程 proc4，实现输入教师的姓名，根据教师姓名返回教师编号。

输入如下代码：

```
DELIMITER $$
CREATE PROCEDURE proc4(IN teachername VARCHAR(30),OUT  teacherno VARCHAR(12))
BEGIN
SELECT teano INTO teacherno FROM t_teachers
 WHERE teaname=teachername;
END $$
DELIMITER ;
```

调用存储过程，查询教师姓名为"李梦"的教师编号，代码如下：

```
CALL proc4('李梦',@no);
```

执行结果如图 7-13 所示。

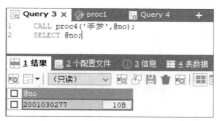

图 7-13　调用存储过程 proc4 的结果

3. 查看存储过程

查看存储过程的方法有 3 种，具体如下。

方法 1：通过 SHOW STATUS 语句查看存储过程的状态。

```
SHOW PROCEDURE STATUS LIKE '存储过程名称';
```

方法 2：通过 SHOW CREATE 语句查看存储过程的定义。

```
SHOW CREATE{PROCEDURE|FUNCTION} name;
```

【案例 7-11】查看存储过程 proc2 的定义。

输入如下代码：

```
SHOW  CREATE PROCEDURE  proc2;
```

执行结果如图 7-14 所示。

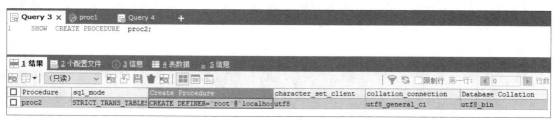

图 7-14　查看存储过程的定义

方法 3：从 information_schema.Routines 表中查看存储过程的信息。

```
SELECT * FROM  information_schema.Routines
WHERE ROUTINE_NAME='CountProc1'
AND ROUTINE_TYPE='PROCEDURE'\G;
```

179

4．修改存储过程

修改存储过程的语法格式如下：

```
ALTER {PROCEDURE|FUNCTION} name[characteristics…]
```

语法说明如下。

① name：表示存储过程的名称。

② characteristics：表示要修改存储过程的哪个部分。

【案例 7-12】修改存储过程 proc1，将读写权限改为 READS SQL DATA。

输入如下代码：

```
ALTER PROCEDURE proc1
READS SQL DATA;
```

5．删除存储过程

删除存储过程的语法格式如下：

```
DROP{ PROCEDURE|FUNCTION }[IF EXISTS] name
```

语法说明如下。

① name：表示要删除的存储过程的名称。

② 如果存储过程不存在，IF EXISTS 可以产生一个警告，避免发生错误。

【案例 7-13】删除存储过程 proc1。

输入如下代码：

```
DROP PROCEDURE proc1;
```

执行上述代码即可删除存储过程。

7.2.2 管理存储函数

1．创建存储函数

创建存储函数的语法格式如下：

```
CREATE FUNCTION name()
        RETURNS 类型
          RETURN 值
```

【案例 7-14】创建自定义存储函数 getstuname，从学生表 t_students 中根据指定的学号获取学生姓名。

输入如下代码：

```
DELIMITER $$
CREATE  FUNCTION getstuname(stucode VARCHAR(11))
    RETURNS VARCHAR(50) CHARSET utf8
    BEGIN
    DECLARE studentname VARCHAR(50);
    SELECT stuname INTO studentname FROM t_students WHERE stuno=stucode;
    RETURN studentname;
    END$$
DELIMITER ;
```

2．调用存储函数

调用存储函数的语法格式如下：

```
SELECT name([parameter[,…]]);
```

【案例 7-15】调用自定义存储函数 getstuname，查看存储函数执行结果。

输入如下代码：

```
SELECT getstuname("35092002010");
```

执行结果如图 7-15 所示。

图 7-15　调用自定义存储函数 getstuname 的执行结果

7.2.3　任务实施

1．创建和调用简单存储过程

（1）使用 SQLyog 界面操作创建存储过程

创建存储过程 proc1，查询学生的学号、姓名和性别，其步骤如下。

① 启动 MySQL 客户端工具 SQLyog，选择"其他"→"存储过程"→"创建存储过程"命令，如图 7-16 所示。或右击数据库"stumandb"下的"存储过程"，在弹出的快捷菜单中选择"创建存储过程"命令，打开图 7-17 所示对话框，在该对话框中输入要创建的存储过程名称，单击"创建"按钮即可打开创建存储过程编辑窗口。

图 7-16　创建存储过程（1）

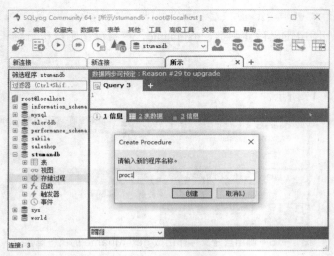

图 7-17　创建存储过程（2）

在编辑窗口输入如下代码：

```
SELECT stuno,stuname,stugender FROM t_students;
```

② 执行上述代码，执行成功后就可以在对象资源管理器中看到创建的存储过程了。

我们调用存储过程，看看是否能够实现查询学生的信息。输入如下代码：

```
CALL proc1;
```

执行结果如图 7-18 所示。

图 7-18　调用存储过程 proc1 的执行结果

（2）使用命令创建存储过程

创建存储过程 proc2，查询教师的教师编号、姓名和职称编号。

输入如下代码：

```
DELIMITER $$
CREATE PROCEDURE proc2()
BEGIN
SELECT  teano,teaname,profetitle  FROM t_teachers,t_profetitle
 WHERE t_teachers.profetitleno=t_profetitle.profetitleno;
```

```
END $$
DELIMITER ;
```

执行上述代码，proc2 存储过程即可创建成功。

在创建存储过程时，存储过程体中可能包含多条 SQL 语句，每条 SQL 语句都是以分号结尾的，服务器在处理存储过程时遇到第一个分号就会认为存储过程结束了，所以这时要用 DELIMITER 语句先将 SQL 语句的结束标识符改为其他符号，如“#”“//”“$$”等，存储过程结束时，再把结束标识符改回来。

输入语句“CALL proc2;”，即可调用该存储过程，执行结果如图 7-19 所示。

teano	teaname	profetitle
1998032561	王龙飞	教授
2001030217	刘依然	副教授
2001030277	李梦	副教授
2004090216	张鹏超	讲师
2019482719	李晓霞	助教
2019482730	刘梅	助理实验师

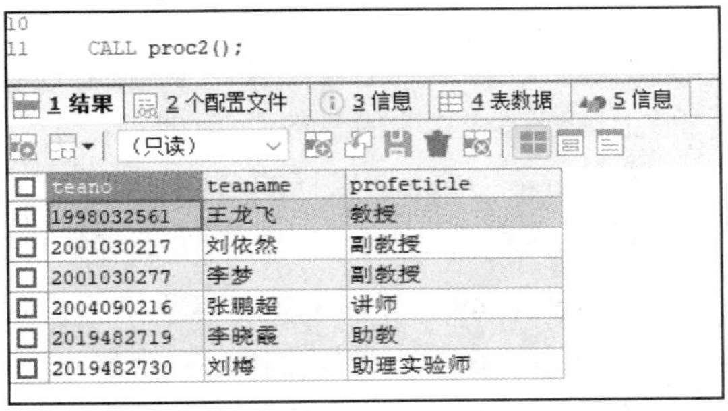

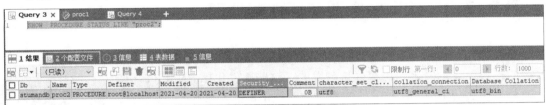

图 7-19　调用存储过程 proc2 的执行结果

2. 查看存储过程

查看存储过程 proc2 的状态。输入如下代码：

```
SHOW PROCEDURE STATUS LIKE "proc2";
```

执行结果如图 7-20 所示。

Db	Name	Type	Definer	Modified	Created	Security_...	Comment	character_set_cl...	collation_connection	Database Collation
stumandb	proc2	PROCEDURE	root@localhost	2021-04-20	2021-04-20	DEFINER	0B	utf8	utf8_general_ci	utf8_bin

图 7-20　查看存储过程状态

3. 删除存储过程

删除存储过程 proc2。输入如下代码：

```
DROP PROCEDURE proc2;
```

执行上述代码即可删除存储过程。

【任务小结】

本任务主要讲解了存储过程的管理，通过对本任务的学习，大家应该掌握存储过程的创建、调用、查看、删除等操作，以及存储函数的创建、调用等操作。

7.2.4　知识拓展：游标的使用

游标是一种用于轻松地处理多行数据的机制。它相当于一个指针，指向当前的一行数据，游标被读取后会自动指向下一行。在存储过程中也可以定义多个游标，但每个游标必须拥有唯一的名字。

要想使用游标，必须先声明游标，然后打开游标、读取游标，最后关闭游标。

使用游标的语法格式如下。

（1）声明游标

```
DECLARE cursor_name CURSON FOR select_statement
```

（2）打开游标

```
OPEN cursor_name
```

（3）读取游标

```
FETCH cursor_name INTO var_name[,var_name…]
```

（4）关闭游标

```
CLOSE cursor_name
```

上述语法格式中的参数说明如下。

- cursor_name：游标的名称。
- select_statement：SELECT 语句的内容，返回一个用于创建游标的结果集。
- var_name：游标中 SELECT 语句查询出来的信息将被存入该参数中。需要注意的是，var_name 必须在声明游标之前已经定义。

注意：游标只能在存储过程或存储函数中使用，不能单独在查询语句中使用；声明游标必须在声明变量、条件之后，处理程序之前；如果没有明确地关闭游标，它会在到达 END 语句时自动关闭。

任务 7.3 使用触发器实现数据处理

触发器（Trigger）是一种特殊的存储过程，可以对表实施复杂的数据完整性约束，保持数据的一致性。触发器是由事件来触发的，这些事件包括 INSERT 语句、UPDATE 语句和 DELETE 语句。当数据库系统执行这些事件时，就会激活触发器执行相应的操作。使用触发器可以保护数据表中的数据，方便地实现数据库中数据的完整性。触发器的执行语句可能只有一条，也可能有多条。本任务将详细讲解触发器的相关操作。

V7-6 触发器

【任务描述】

在学生成绩管理系统中，实现触发器的创建、查看、删除操作。

【任务分析】

在学生成绩管理系统数据库中创建 st_insert 触发器，向学生表中插入一条记录时，将用户变量 student 的值设置为"记录插入成功"，然后查看、删除 st_insert 触发器。

7.3.1 创建触发器

创建触发器的基本语法格式如下：

```
CREATE  TRIGGER trigger_name trigger_time trigger_event
ON tb1_name FOR EACH ROW trigger_stmt
```

语法说明如下。

- trigger_name：要创建的触发器的名称。
- trigger_time：触发器被触发的时间，可以是 BEFORE 或 AFTER，用以指明触发器在激活它的语句之前或之后被触发。

- trigger_event：激活触发器的语句类型，包括 INSERT、UPDATE 和 DELETE。
- tb1_name：触发器事件操作的表的名称。
- FOR EACH ROW：任何一条记录上的操作满足触发器事件都会触发该触发器。
- trigger_stmt：触发器被触发后执行的语句。

【案例 7-16】创建 DELETE 触发器，触发器名称为“st_delete”，当学生表中删除了一个学生的信息时，成绩表中就必须同时把该学生的信息删除。保证每次删除学生表的记录后，学生表和成绩表的记录数是统一的。

输入如下代码：

```
DELIMITER $$
CREATE
        TRIGGER st_delete AFTER DELETE
        ON  t_students FOR EACH ROW
        BEGIN
         DELETE FROM t_score WHERE stuno=OLD.stuno;
        END $$
DELIMITER ;
```

执行上述代码，即可创建 st_delete 触发器。我们查询 t_students 表中的数据，结果如图 7-21 所示。

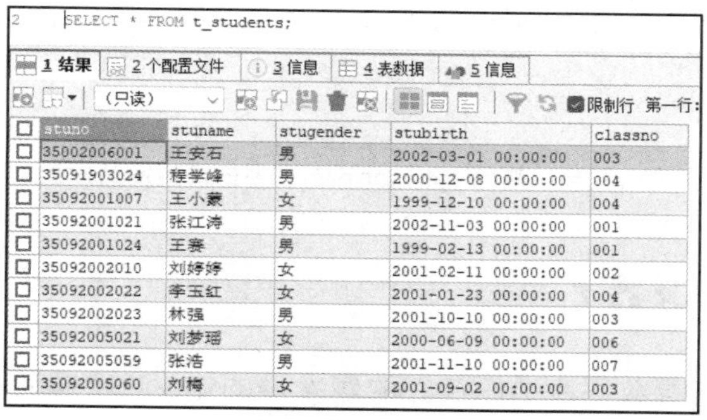

stuno	stuname	stugender	stubirth	classno
35002006001	王安石	男	2002-03-01 00:00:00	003
35091903024	程学峰	男	2000-12-08 00:00:00	004
35092001007	王小蒙	女	1999-12-10 00:00:00	004
35092001021	张江涛	男	2002-11-03 00:00:00	001
35092001024	王赛	男	1999-02-13 00:00:00	001
35092002010	刘婷婷	女	2001-02-11 00:00:00	002
35092002022	李玉红	女	2001-01-23 00:00:00	004
35092002023	林强	男	2001-10-10 00:00:00	003
35092005021	刘梦瑶	女	2000-06-09 00:00:00	006
35092005059	张浩	男	2001-11-10 00:00:00	007
35092005060	刘梅	女	2001-09-02 00:00:00	003

图 7-21　查询 t_students 表的结果集

我们查询 t_score 表中的数据，结果如图 7-22 所示。

删除 t_students 表中学号为“35092001007”的记录，如下代码：

```
DELETE FROM t_students WHERE stuno='35092001007';
```

执行成功后，查看 t_score 表中数据可以看到已经删除学号为“35092001007”的记录，说明触发了 st_delete 触发器，执行了删除操作，如图 7-23 所示。

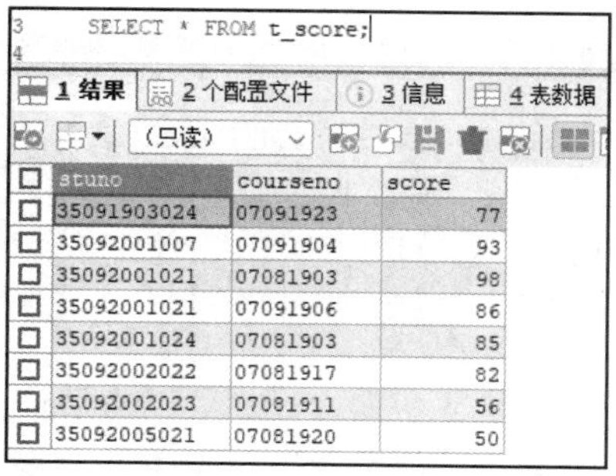

stuno	courseno	score
35091903024	07091923	77
35092001007	07091904	93
35092001021	07081903	98
35092001021	07091906	86
35092001024	07081903	85
35092002022	07081917	82
35092002023	07081911	56
35092005021	07081920	50

图 7-22　查询 t_score 表的结果集

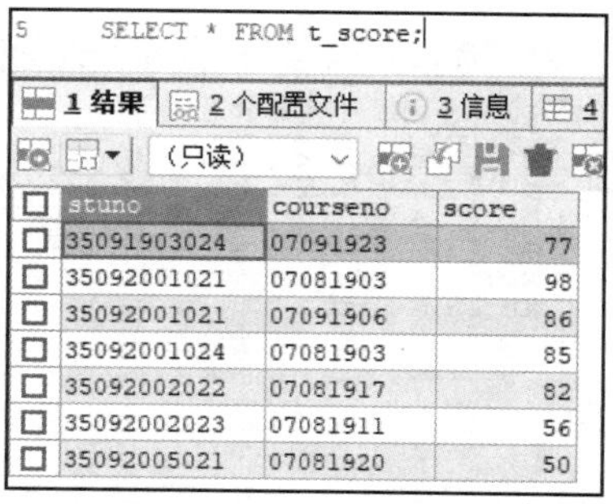

stuno	courseno	score
35091903024	07091923	77
35092001021	07081903	98
35092001021	07091906	86
35092001024	07081903	85
35092002022	07081917	82
35092002023	07081911	56
35092005021	07081920	50

图 7-23　删除记录后查询 t_score 表的结果集

【案例 7-17】创建 DELETE 触发器，触发器名称为"tea_delete"，触发器实现以下功能：限制用户删除 t_teachers 表中的记录，当用户删除教师信息时，抛出异常，禁止删除。

输入如下代码：

```
DELIMITER $$
CREATE
    TRIGGER tea_delete BEFORE DELETE
    ON  t_teachers FOR EACH ROW
    BEGIN
    SET @strdelete='记录不允许删除';
    DELETE FROM t_teachers ;
    END $$
DELIMITER ;
```

执行结果如图 7-24 所示。抛出提示信息，禁止删除记录。

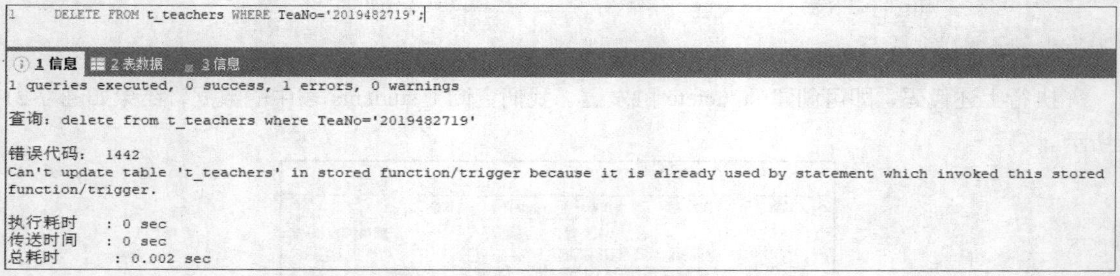

图 7-24　删除 t_teachers 表中记录触发触发器

7.3.2　查看触发器

查看触发器是指查看数据库中已存在的触发器的定义、状态和语法等信息。查看触发器的方法包括执行 SHOW TRIGGERS 语句和查询 information_schema 数据库下的 triggers 表等。

① 执行 SHOW TRIGGERS 语句查看触发器的基本信息，其语法格式如下：

```
SHOW  TRIGGERS ;
```

【案例 7-18】查看数据库中的所有触发器，如图 7-25 所示。

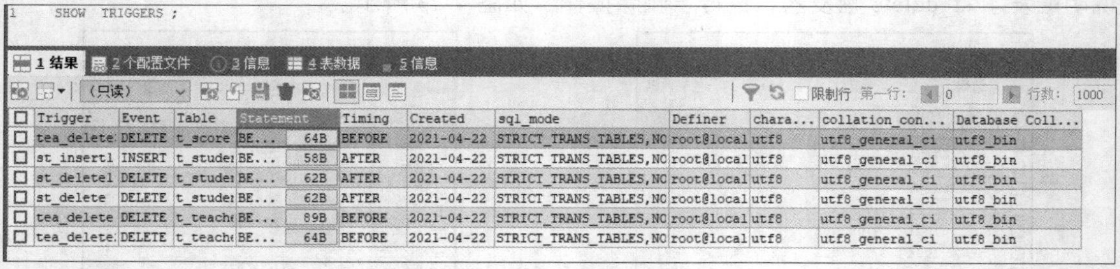

图 7-25　查看所有触发器

执行该查询语句只能查看所有触发器的内容，并不能指定查看某个触发器的信息。这样会使用户在查找指定触发器信息的时候不方便，这时我们可以使用 SELECT 语句查看触发器。

② 在 MySQL 中，所有触发器的定义都存储在 information_schema 数据库下的 triggers 表中。查询 triggers 表，可以查看数据库中所有触发器的详细信息。

查询的语句如下：

```
SELECT * FROM information_schema.triggers;
```

其中，information_schema 是 MySQL 中默认存在的数据库，而 triggers 表是该数据库中用于记录触发器信息的数据表，如果用户想要查看某个触发器的信息，可以使用 WHERE 子句定义查询条件。

【案例 7-19】查询 stumandb 数据库中的 st_delete 触发器。

```
SELECT * FROM information_schema.triggers WHERE trigger_name="st_delete";
```

7.3.3 删除触发器

删除触发器的基本语法格式如下：

```
DROP TRIGGER 触发器名 ;
```

7.3.4 触发器的执行顺序

在 MySQL 中，触发器与表操作存在一定的执行顺序，BEFORE 触发器首先被激活，然后执行表操作，最后 AFTER 触发器被激活。

【案例 7-20】在 t_course 表上创建触发器，验证 BEFORE 触发器和 AFTER 触发器的激活顺序。

① 创建验证表 tb_test，代码如下：

```
CREATE TABLE IF NOT EXISTS tb_test(
tb_id INT(4) PRIMARY KEY AUTO_INCREMENT ,
tb_info VARCHAR(50),
tb_time TIMESTAMP DEFAULT CURRENT_TIMESTAMP);
```

② 创建名称为"before_course"的 BEFORE 触发器，代码如下：

```
DELIMITER $$
CREATE
  TRIGGER before_course BEFORE INSERT
  ON t_course FOR EACH ROW
  INSERT INTO tb_test(tb_info) VALUES ('BEFORE INSERT  TRIGGER');
  $$
DELIMITER ;
```

③ 创建名称为"after_course"的 AFTER 触发器，代码如下：

```
DELIMITER $$
CREATE
  TRIGGER after_course AFTER INSERT
  ON t_course FOR EACH ROW
  INSERT INTO tb_test(tb_info) VALUES ('AFTER INSERT TRIGGER');
  $$
DELIMITER ;
```

④ 向 t_course 表中插入一条记录，代码如下：

```
INSERT INTO t_course VALUES ('08091924','数据库基础','考试课',3,60,'2001030217');
```

⑤ 通过 SELECT 语句查询 tb_test 表中的记录插入情况，结果如图 7-26 所示。

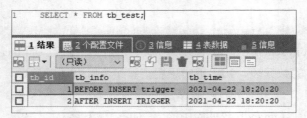

图 7-26　查询 tb_test 表中记录

查询结果显示两条记录，说明 BEFORE 和 AFTER 触发器均被激活，首先插入的是第一条记录，说明首先激活的是 BEFORE 触发器，然后 AFTER 触发器被激活。

7.3.5　任务实施

1. 创建触发器

（1）使用 SQLyog 界面操作创建触发器

使用 SQLyog 界面操作创建触发器的步骤如下。

① 启动 MySQL 客户端工具 SQLyog，选择"其他"→"触发器"→"创建触发器"命令，如图 7-27 所示。或右击数据库"stumandb"下的"触发器"，在弹出的快捷菜单中选择"创建触发器"命令，打开图 7-28 所示对话框，在该对话框中输入要创建的存储过程名称，单击"创建"按钮即可打开创建触发器编辑窗口。

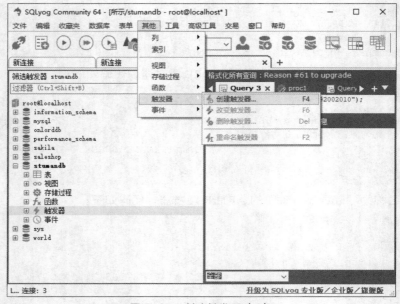

图 7-27　创建触发器（1）

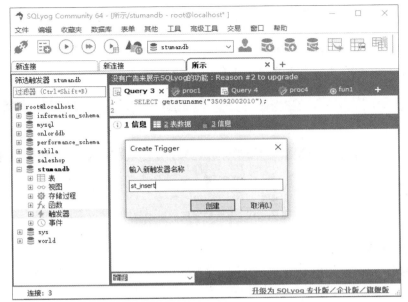

图 7-28　创建触发器（2）

② 在编辑窗口输入代码，如图 7-29 所示。执行代码，触发器创建成功。

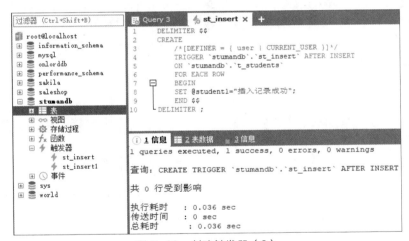

图 7-29　创建触发器（3）

（2）使用命令创建触发器

输入如下代码：

```
DELIMITER $$
CREATE
    TRIGGER st_insert1 AFTER INSERT
    ON  t_students FOR EACH ROW
    BEGIN
    SET @student="插入记录成功";
    END $$
DELIMITER ;
```

执行上述代码，即可创建触发器。

2．查看触发器

MySQL 中可以通过 SHOW TRIGGERS 语句来查看触发器的基本信息。在查询窗口输入代码"SHOW TRIGGERS;"，查询结果如图 7-30 所示。

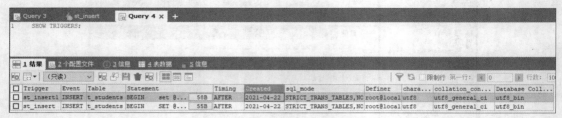

图 7-30　查看触发器的基本信息

3．应用触发器

在查询窗口中输入"SELECT @student;"，可以查看用户变量 student 的值，此时该变量的值为 NULL，如图 7-31 所示。

向 t_students 表中插入一条记录，测试 INSERT 触发器 st_insert 是否会被触发。输入如下代码：

```
INSERT INTO t_students(stuno,stuname,stugender,stubirth,classno)
VALUES('35092005060','刘梅','女','2001-9-2','003');
```

INSERT 语句执行成功后，输入代码"SELECT @student;"再次查看用户变量 student 的值，结果如图 7-32 所示。

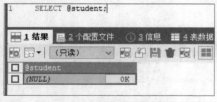
　　图 7-31　插入记录前查看用户变量的值

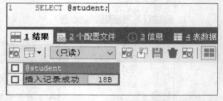
　　图 7-32　插入记录后查看用户变量的值

4．删除触发器

删除名称为"st_insert"的触发器，在查询窗口输入如下代码：

```
DROP TRIGGER st_insert;
```

执行上述代码，st_insert 触发器被删除。

【任务小结】

本任务介绍了在 MySQL 数据库中创建触发器、查看触发器、使用触发器、删除触发器等内容。在创建触发器后，可以查看触发器的信息。使用触发器时，触发器执行的顺序是 BEFORE 触发器、表操作（INSERT、UPDATE 和 DELETE 语句）、AFTER 触发器。创建触发器是本项目的难点，大家要学会结合实际需求来设计触发器。

7.3.6　知识拓展：在触发器中调用存储过程

【**案例 7-21**】定义触发器，当插入记录时，调用存储过程，复制 t_students 表中的记录。其步骤如下。

① 创建 tb_copystu 表，其表结构同 t_students 表，代码如下：

```
CREATE TABLE IF NOT EXISTS tb_copystu(
stuno CHAR(11) NOT NULL COMMENT '学号' PRIMARY KEY,
stuname VARCHAR(30) NOT NULL UNIQUE COMMENT '姓名',
stugender CHAR(2) NOT NULL COMMENT '性别',
stubirth DATETIME NOT NULL COMMENT '出生日期',
classno CHAR(3) NOT NULL COMMENT '班级编号' REFERENCES t_class(classno)
)ENGINE=INNODB CHARACTER SET=utf8 COLLATE=utf8_bin;
```

② 创建存储过程 pro_copydata，代码如下：

```
DELIMITER $$
CREATE PROCEDURE  pro_copydata()
  BEGIN
  REPLACE tb_copystu SELECT * FROM t_students;
  END $$
DELIMITER ;
```

③ 创建触发器，当向 t_students 表中插入数据时，调用存储过程 pro_copydata，代码如下：

```
DELIMITER $$
CREATE
  TRIGGER copy_trigger AFTER INSERT
  ON  t_students FOR EACH ROW
  BEGIN
  CALL pro_copydata;
  END  $$
DELIMITER ;
```

④ 通过查询语句查询 tb_copystu 表，如图 7-33 所示，可以看到 tb_copystu 表中没有记录。

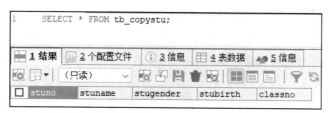

图 7-33　插入记录前 tb_copystu 表的查询结果

在 t_students 表中插入一条记录，代码如下：

```
INSERT INTO t_students VALUES('35002006001','王安石',
'男','2002-3-1','003');
```

再次查询 tb_copystu 表，数据已被复制到该表中，如图 7-34 所示。

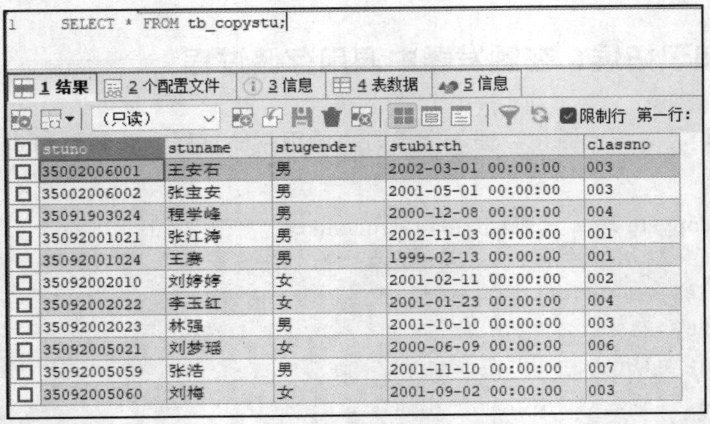

```
SELECT * FROM tb_copystu;
```

stuno	stuname	stugender	stubirth	classno
35002006001	王安石	男	2002-03-01 00:00:00	003
35002006002	张宝安	男	2001-05-01 00:00:00	003
35091903024	程学峰	男	2000-12-08 00:00:00	004
35092001021	张江涛	男	2002-11-03 00:00:00	001
35092001024	王赛	男	1999-02-13 00:00:00	001
35092002010	刘婷婷	女	2001-02-11 00:00:00	002
35092002022	李玉红	女	2001-01-23 00:00:00	004
35092002023	林强	男	2001-10-10 00:00:00	003
35092005021	刘梦瑶	女	2000-06-09 00:00:00	006
35092005059	张浩	男	2001-11-10 00:00:00	007
35092005060	刘梅	女	2001-09-02 00:00:00	003

图 7-34　插入记录后 tb_copystu 表的查询结果

项目总结

本项目主要讲解了编程基础知识、存储过程的创建和使用、触发器的创建和使用。通过对本项目的学习，同学们应该熟练掌握存储过程的使用方法。在实际开发过程中，存储过程可以简化操作、提高效率，所以同学们应该多练习。触发器是一种特殊的存储过程，可以对表实施复杂的完整性约束，保持数据的一致性，从而保障数据的安全，同学们也应该好好掌握。

项目实战

1. 利用不同的分支语句实现输入学生成绩，输出成绩等级。（对于百分制成绩，60 分以下为不及格，大于 60 分且小于或等于 70 分为及格，大于 70 分且小于或等于 80 分为中，大于 80 分且小于或等于 90 分为良，大于 90 分且小于或等于 100 分为优秀。）

2. 利用不同的流程控制语句输出 1 ~ 200 的和。

利用网上订餐系统数据库，完成如下操作。

3. 创建存储过程 onlineproc1，查看菜品编号为“m222005059”的菜品名称，并显示价格。

4. 创建带输入参数的存储过程 onlineproc2，在订单详情表 orderdetails 中，输入订单编号，输出订单总额。

5. 创建带输入和输出参数的存储过程 onlineproc3，输入送餐员工编号，输出送餐员工姓名。

6. 通过 SHOW STATUS 语句查看存储过程 onlineproc1。

7. 通过 SHOW CREATE 语句查看存储过程 onlineproc2。

8. 调用存储过程 onlineproc3。

9. 删除存储过程 onlineproc1。

10. 创建自定义函数 getmenu，从用户表 users 中根据指定的用户编号获取用户姓名。

11．创建 user_insert 触发器，在向用户表 users 中插入一条记录时，输出"记录插入成功"，创建成功后，验证触发器的执行结果。

12．创建 delete 触发器，触发器名称为"order_delete"，当删除订单表 orders 中的订单信息时，订单详情表 orderdetails 中必须同时把该订单的详细信息删除。触发器创建成功后，删除订单编号为"08130002"的订单，查看订单详情表中的信息，验证触发器的执行结果。

13．删除触发器 order_delete。

习题训练

一、选择题

1．MySQL 支持的变量类型有（　　）。

    A．用户变量　　　　　　　　B．全局系统变量

    C．局部变量　　　　　　　　D．会话系统变量

2．不能在 MySQL 中实现循环的语句是（　　）。

    A．CASE　　　　　　　　　　B．LOOP

    C．REPEAT　　　　　　　　　D．WHILE

3．（　　）函数可以获取当前日期和时间。

    A．NOW()　　　　　　　　　B．HOUR()

    C．MONTH()　　　　　　　　D．以上都正确

4．返回 0~1 随机数的函数是（　　）。

    A．RAND()　　　　　　　　　B．SIGN(X)

    C．ABS(X)　　　　　　　　　D．PI()

5．存储过程中选择语句有（　　）。

    A．IF　　　　　　　　　　　B．WHILE

    C．SELECT　　　　　　　　　D．SWITCH

6．存储过程与普通的 SQL 语句的区别有（　　）。

    A．存储过程作为一个独立的数据库对象，可作为一个单元被用户的应用程序调用

    B．存储过程是已经编译好的代码，执行的时候不必再次进行编译，执行效率高

    C．SQL 语句仅是一组语句，执行时要进行编译

    D．存储过程能够提高数据库执行效率

7．下列语句用于修改存储过程的是（　　）。

    A．CREATE PROCEDURE　　　　B．DROP PROCEDURE

    C．ALTER PROCEDURE　　　　 D．DROP INDEX

8．下列语句用于删除存储过程的是（　　）。

    A．CREATE PROCEDURE　　　　B．DROP PROCEDURE

    C．DROP INDEX　　　　　　　D．DROP VIEW

9. MySQL 使用（　　　）来调用存储过程。

    A. EXEC　　　　　　　　　　　　B. CALL

    C. SELECT　　　　　　　　　　　　D. CREATE

10. 下列语句用于修改触发器的是（　　　）。

    A. ALTER TRIGGER　　　　　　　B. DROP TRIGGER

    C. CREATE TRIGGER　　　　　　　D. UPDATE PROCEDURE

11. 下列选项中，不能触发触发器的事件是（　　　）。

    A. INSERT　　　　　　　　　　　　B. UPDATE

    C. DELETE　　　　　　　　　　　　D. SELECT

二、判断题

1. 触发器的使用会影响数据库的结构，同时增加维护数据库的复杂程度。（　　　）

2. MySQL 5.7 提供的预处理功能可以将 SQL 语句与数据分离。（　　　）

3. ITERATE 语句可以在 BEGIN…END 语句中实现跳转。（　　　）

4. SQL 是标准化查询语言。（　　　）

5. 目前，MySQL 还未提供对已存在的存储过程修改代码的功能，如果必须要修改存储过程代码，则要先删除它，再重新创建一个新的存储过程。（　　　）

6. 想要使用游标处理结果集中的数据，可以直接使用游标无须先进行声明。（　　　）

7. 在 MySQL 存储过程中，定义条件使用 DECLARE 语句。（　　　）

三、简答题

1. 简述流程控制语句中的 REPEAT 循环语句与 WHILE 循环语句的异同。

2. 简述存储过程和存储函数的区别。

项目8
维护学生成绩管理系统数据库的安全性

项目描述

维护数据库的安全性是指保护数据库的数据，防止其被非法操作，从而造成数据泄露、篡改或者丢失。数据库中的安全管理包括两部分内容，一是数据库的备份和还原，二是数据库的用户和权限管理。备份数据可以保证数据不丢失，不造成损失；用户和权限管理可以在用户访问数据时保证数据的安全。

为了保证数据的安全，需要定期对数据进行备份，备份的方式有很多种，如果数据库中的数据出现了错误，比如硬件故障、病毒入侵等就需要使用备份好的数据进行数据还原，这样可以将损失降低。数据的安全也需要通过用户和权限管理来保证，MySQL 提供了许多语句来管理用户权限，这些语句可以用来管理登录和退出 MySQL 服务器、创建用户、删除用户、管理密码和权限等。

本项目分为两个任务，即数据的备份和还原、管理用户与权限。通过对本项目的学习，学生可提升数据安全意识、保密意识、规范意识。

学习目标

知识目标
① 掌握数据备份的方法。　　　　　　② 掌握数据还原的方法。

③ 掌握创建用户的方法。　　　　　　④ 掌握删除用户的方法。

⑤ 掌握管理密码和权限的方法。

技能目标
① 能够根据实际情况完成数据的备份和还原。　② 能够创建用户、实现密码和权限的设置。

素养目标
① 增强网络安全和保密意识。

② 培养诚实守信、严谨负责、履行时代使命的责任担当。

③ 培养正确的理想、信念，成就出彩人生。

任务 8.1　数据的备份和还原

【任务描述】

完成学生成绩管理系统数据库的备份和还原操作。

【任务分析】

在 stumandb 数据库搭建完成后，我们在操作数据库的过程中，尽管系统中采用了各种措施来保证数据的安全性和完整性，但是各种硬件错误、软件错误、误操作等情况仍有可能发生，使数据库中的数据遭到破坏，而备份数据库是有效、直接地保护数据的方法。本任务中我们完成对 stumandb 数据库的备份和还原操作。

8.1.1　数据的备份

数据备份就是为数据建立副本。按照数据集合的范围划分，数据备份分为完全备份、增量备份和差异备份。

① 完全备份：在某一个时间对所有数据进行完全复制，包含用户表、系统表、索引、视图和存储过程等所有数据库对象。它需要花费大量的时间和空间。所以，一般推荐一周做一次完全备份。

V8-1　数据的备份

② 增量备份：备份数据库的部分内容，包含自上一次完全备份或最近一次增量备份后改变的内容。增量备份不会备份重复数据，备份所需时间短，但是还原数据比较麻烦，还原时间较长。

③ 差异备份：对在一次完全备份后到进行差异备份的这段时间内增加或者修改的数据进行备份，在进行还原时，只需对第一次完全备份和最后一次差异备份进行还原。

数据备份按照数据库的在线状态可分为以下 3 种。

① 冷备份：数据库处于关闭状态下的备份，能够较好地保证数据库的完整性。

② 热备份：数据库在线服务正常运行的情况下的备份。

③ 温备份：进行备份操作时，服务器在运行，但是只能读不能写。

在 MySQL 提供的命令中，mysqldump 命令可以实现数据库的备份，它可以将数据库中的数据备份成一个文本文件，并且将表的结构和表中的数据存储在这个文本文件中。mysqldump 命令的工作原理是，先查出需要备份的表的结构，并且在文本文件中生成一条 CREATE 语句，然后将表中的所有记录转换成一条 INSERT 语句。这些 CREATE 语句和 INSERT 语句都是还原数据时需要使用的，还原数据时可以使用 CREATE 语句来创建表，使用 INSERT 语句来插入数据。

1. 备份单个数据库

使用 mysqldump 命令备份数据库的语法格式如下：

```
mysqldump -u username-p password dbname[tbname1[tbname2…]]>filename.sql
```

在上述语法格式中，-u 后面的 username 参数表示用户名；-p 后面的 password 参数表示登录密码；dbname 表示备份的数据库名称；tbname 表示数据库中的表名，可以指定一个或者多个表，多个表用空格分隔，如果不指定表名，则备份整个数据库；filename.sql 表示备份文件的名称，文件名前可以加上绝对路径。

注意：

① 使用 mysqldump 命令备份数据库时，直接在命令提示符窗口执行该命令。

② 使用 mysqldump 命令备份的文件并非一定要求扩展名为.sql，可以备份其他格式的文件，如.txt 文件。

2. 备份多个数据库

使用 mysqldump 命令备份多个数据库的语法格式如下：

```
mysqldump -u username -p --databases dbname1[dbname2…]>filename.sql
```

在上述语法格式中，databases 参数后面至少应该指定一个数据库名称，如果有多个数据库，各个数据库名称用空格隔开。

3. 备份所有数据库

使用 mysqldump 命令备份所有数据库的语法格式如下：

```
mysqldump -u username -p --all-databases>filename.sql
```

注意：如果使用--all-databases 参数备份了所有数据库，在数据库还原时，不需要创建数据库并指定要操作的数据库，因为对应的备份文件中包含 CREATE DATABASE 语句和 USE 语句。

4. 采用复制方式备份数据库

MySQL 还提供了直接复制数据库文件的备份方法，使用这种方法时，最好先将服务器停止，这样可以保证在复制期间数据库中的数据不会发生变化。但是这种方法对于使用 InnoDB 存储引擎的表不适用。对于使用 MyISAM 存储引擎的表，这样备份和还原比较方便。还原时，最好使用相同版本的 MySQL 数据库，否则可能会出现存储文件类型不同的情况。

在复制时，如果不知道数据库文件的存储位置，可以通过如下代码找到数据库文件的存储位置。

```
SHOW VARIABLES LIKE '%datadir%';
```

执行结果如图 8-1 所示。

图 8-1　查看数据库文件的存储位置

8.1.2　数据的还原

当数据库中的数据遭到破坏时，可以通过备份好的数据文件进行还原，将数据还原到备份时的状态，使损失降低。

1. 使用 mysql 命令还原

使用 mysqldump 命令将数据库的数据备份成一个文本文件后，需要还原时，可以使用 mysql 命令来还原备份的数据库，备份文件实际上由多个 CREATE、INSERT 和 DROP 语句组成，还原数据库时通过 CREATE 语句创建数据库和表，通过 INSERT 语句来插入备份的数据。

使用 mysql 命令还原数据库的语法格式如下：

```
mysql-u username-p password [dbname]<filename.sql
```

在上述语法格式中，username 参数表示登录的用户名，password 参数表示登录密码，dbname 参数表示要还原的数据库名称。指定数据库名称时，表示还原该数据库下的表，在还原数据库之前必须先创建数据库。不指定数据库名称时，表示还原特定的数据库，同时备份文件中要有创建数据库的语句。

2. 直接复制到数据库目录

如果是以直接复制的备份方法备份数据库,在还原时可以直接将备份文件复制到 MySQL 的数据库目录下。通过这种方式还原时，必须保证两个 MySQL 数据库的主版本号是相同的。这种还原方式对 InnoDB 表不可用，因为 InnoDB 表的表空间不能直接复制。

【案例 8-1】备份 db_bf1 数据库和 db_bf2 数据库，然后修改表中数据，再进行数据还原来验证备份操作。

① 创建数据库 db_bf1，在该数据库中创建 student 表并插入记录，然后创建 db_bf2 数据库，在该数据库中创建 teacher 表并插入记录。

创建 db_bf1 数据库及 student 表，代码如下：

```
CREATE DATABASE IF NOT EXISTS db_bf1 CHARSET utf8 COLLATE utf8_bin;
USE db_bf1;
CREATE TABLE IF NOT EXISTS student(
NO CHAR(3) PRIMARY KEY  NOT NULL COMMENT '学号',
NAME VARCHAR(50) COMMENT '姓名'
)ENGINE=INNODB CHARSET=utf8 COLLATE=utf8_bin;
INSERT INTO student VALUES ('01','张梅');
INSERT INTO student VALUES ('02','张健');
```

创建 db_bf2 数据库及 teacher 表，代码如下：

```
CREATE DATABASE IF NOT EXISTS db_bf2 CHARSET utf8 COLLATE utf8_bin;
USE db_bf2;
CREATE TABLE IF NOT EXISTS teacher(
tno CHAR(3) PRIMARY KEY  NOT NULL COMMENT '学号',
tname VARCHAR(20) COMMENT '姓名',
tsubject VARCHAR(20) COMMENT '所教科目'
)ENGINE=INNODB CHARACTER SET=utf8 COLLATE=utf8_bin;
INSERT INTO teacher VALUES ('001','高达','语文');
INSERT INTO teacher VALUES ('002','周凯','数学');
```

② 备份数据库。

由于需要备份两个数据库，所以我们使用备份多个数据库的命令。在命令提示符窗口输入如下命令：

```
mysqldump -u root -p --databases db_bf1 db_bf2>d:\bffile.sql
```

执行上述命令，输入连接数据库的密码，即可完成备份。命令执行结果如图 8-2 所示。

图 8-2　备份多个数据库执行结果

③ 删除 db_bf1 数据库中的 student 表，并修改 db_bf2 数据库中的 teacher 表，删除教师编号为 "002" 的教师信息。

首先查询修改数据库前的数据，如图 8-3 所示。

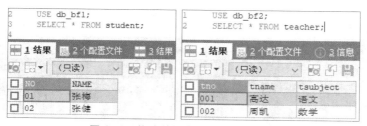

图 8-3　修改数据库之前的查询结果

然后删除 db_bf1 数据库中的 student 表，修改 db_bf2 数据库中 teacher 表的数据，之后进行查询，代码如下：

```
USE db_bf1;
DROP TABLE student;
USE db_bf2;
DELETE FROM teacher WHERE tno='001';
SELECT * FROM teacher;
```

执行结果如图 8-4 所示。

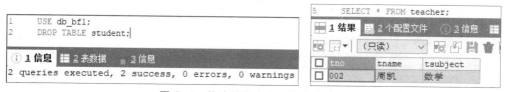

图 8-4　修改数据库之后的查询结果

④ 还原数据库，命令如下：

```
mysql -u root -p <d:\bffile.sql
```

执行上述命令，输入密码，即可还原数据库。

⑤ 查看还原后的数据库。

再次查询数据，可得到与图 8-3 所示相同的结果。

【任务小结】

本任务主要针对数据库安全中的备份数据库、还原数据库进行了详细的讲解。在实际应用中，我们通常使用 mysqldump 命令备份数据库，使用 mysql 命令还原数据库，备份和还原数据库是本任务的重点。

8.1.3 任务实施

1. 备份 stumandb 数据库

选择"开始"菜单中的"运行"命令，在弹出的"运行"对话框中输入"cmd"，按 Enter 键进入命令提示符窗口，在命令提示符下输入以下命令：

```
mysqldump -u root -p stumandb>e:\stumandb.sql
```

执行命令，在执行过程中我们需要输入连接数据库的密码，输入密码后，即可完成数据库的备份，如图 8-5 所示。

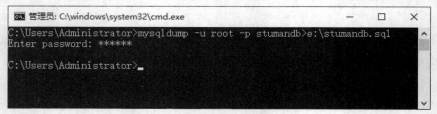

图 8-5　数据库备份

在数据库备份完成以后，可以在 E:\找到相应的文件，如图 8-6 所示。

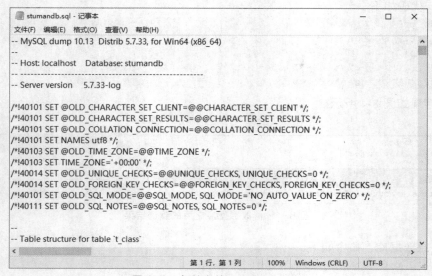

图 8-6　备份文件 stumandb.sql

该文件开头记录了 MySQL 的版本、备份主机名和数据库名称。

2．还原 stumandb 数据库

① 创建需要还原的数据库，代码如下：

```
CREATE DATABASE IF NOT EXISTS stumandb1;
```

② 选择"开始"菜单中的"运行"命令，在弹出的"运行"对话框中输入"cmd"，按 Enter 键进入命令提示符窗口，在命令提示符下输入以下命令：

```
mysql -u root -p stumandb1<E:\stumandb.sql
```

执行命令，输入连接数据库密码，输入密码后即可完成数据库的还原，如图 8-7 所示。

图 8-7　数据库还原

MySQL 会还原备份文件中的所有数据表到 stumandb 数据库中。

8.1.4　知识拓展：数据库迁移

数据库迁移是指把数据从一个系统移到另一个系统上。在 MySQL 中，数据的迁移主要有两种方式，即 MySQL 数据库之间的迁移和不同数据库之间的迁移。

1．MySQL 数据库之间的迁移

MySQL 数据库之间的迁移可以通过以下两种方式实现。

（1）复制数据库目录

通过复制数据库目录可以实现数据库迁移，这种方式只有所有数据表都是使用 MyISAM 存储引擎的表时才能够使用，对于使用 InnoDB 存储引擎的表不适用。另外，也只能在主版本号相同的 MySQL 数据库之间才能使用复制数据库目录的方式进行数据库迁移。

（2）使用命令备份和还原数据库

常用和安全的方式是使用 mysqldump 命令来备份数据库，然后使用 mysql 命令将备份文件还原到新的 MySQL 数据库中。进行不同版本的数据库之间迁移时要注意，如果迁移过程中想要保留旧版本数据库中的用户控制信息，则需要备份 MySQL 中的 mysql 数据库，在新版本数据库中，重新读入备份文件中的信息。如果迁移的数据库中包含中文数据，还需要注意新旧版本数据库使用的默认字符集是否一致，若不一致则需要进行修改。

2．不同数据库之间的迁移

不同数据库之间的迁移是指从 MySQL 的数据库迁移到其他类型的数据库或者从其他类型的数据库迁移到 MySQL 的数据库，例如从 MySQL 数据库迁移到 Oracle 数据库等。针对这种迁移，MySQL 没有通用的解决方案，需要具体问题具体分析。所以迁移之前，需要了解不同数据库的架构，比较它们之间的差异，然后针对不同之处进行处理。

任务 8.2 管理用户与权限

【任务描述】

创建一个教师用户，并为教师用户分配查询学生信息、编辑和查询成绩信息的权限；创建一个学生用户，并为学生用户分配只能查看学生信息和成绩信息的权限。

V8-2 使用 SQLyog 管理用户与权限   V8-3 使用 MySQL 管理用户与权限

【任务分析】

MySQL 中的用户分为 root 用户和普通用户，root 用户为超级管理员，具有所有权限，如创建用户、删除用户、管理用户等，而普通用户只拥有被赋予的某些权限。在学生成绩管理系统数据库中，教师是可以查看和编辑成绩信息的，学生只能查看成绩信息。

8.2.1 用户与权限概述

MySQL 通过用户与权限管理来控制数据库操作人员的访问与操作范围。在安装 MySQL 时，系统会自动安装一个 mysql 数据库，该数据库主要用于维护数据库的用户以及权限的控制和管理，该数据库中的表都是权限表，如 user 表、db 表、host 表、tables_priv 表、column_priv 表和 procs_priv 表。其中 user 表是 MySQL 中非常重要的一个权限表，用来记录允许连接到服务器的账号信息。需要注意的是，在 user 表里启用的所有权限都是全局级的，适用于所有数据库。

user 表中的字段大致可以分为 4 类，分别是用户列、权限列、安全列和资源控制列，下面主要介绍这些字段的含义。

1. 用户列

用户列存储了用户连接 MySQL 数据库时需要输入的信息。需要注意的是，MySQL 5.7 不再使用 Password 来作为表示密码的字段，而是改成了 authentication_string。user 表的用户列如表 8-1 所示。

表 8-1 user 表的用户列

字段名	字段类型	是否为空	默认值	说明
Host	CHAR(60)	NO	无	主机名
User	CHAR(32)	NO	无	用户名
authentication_string	TEXT	YES	无	密码

用户登录时，如果这 3 个字段同时匹配，MySQL 数据库系统才会允许其登录。创建新用户时，也需要设置这 3 个字段的值。修改用户密码实际就是修改 user 表的 authentication_string 字段的值。因此，这 3 个字段决定了用户能否登录。

2. 权限列

权限列的字段决定了用户的权限，用来描述在全局范围内允许用户对数据和数据库进行的操作。

权限大致分为两大类，分别是高级管理权限和普通权限。

① 高级管理权限：主要对数据库进行管理，例如关闭服务的权限、超级权限和加载用户的权限等。

② 普通权限：主要操作数据库，例如查询权限、修改权限等。

user 表的权限列包括 Select_priv、Insert_ priv 等以 priv 结尾的字段，这些字段值的数据类型为 ENUM 类型，可取的值只有 Y 和 N：Y 表示该用户有对应的权限，N 表示该用户没有对应的权限。从安全角度考虑，这些字段的默认值都为 N。user 表的权限列如表 8-2 所示。

表 8-2 user 表的权限列

字段名	字段类型	是否为空	默认值	说明
Select_priv	ENUM('N','Y')	NO	N	是否可以通过 SELECT 语句查询数据
Insert_priv	ENUM('N','Y')	NO	N	是否可以通过 INSERT 语句插入数据
Update_priv	ENUM('N','Y')	NO	N	是否可以通过 UPDATE 语句修改现有数据
Delete_priv	ENUM('N','Y')	NO	N	是否可以通过 DELETE 语句删除现有数据
Create_priv	ENUM('N','Y')	NO	N	是否可以创建新的数据库和表
Drop_priv	ENUM('N','Y')	NO	N	是否可以删除现有数据库和表
Reload_priv	ENUM('N','Y')	NO	N	是否可以执行刷新和重新加载 MySQL 所用的各种内部缓存的特定语句，包括日志、权限、主机、查询和表
Shutdown_priv	ENUM('N','Y')	NO	N	是否可以关闭 MySQL 服务器。将此权限提供给 root 用户之外的任何用户时，都应当非常谨慎
Process_priv	ENUM('N','Y')	NO	N	是否可以通过 SHOW PROCESSLIST 语句查看其他用户的进程
File_priv	ENUM('N','Y')	NO	N	是否可以执行 SELECT INTO OUTFILE 和 LOAD DATA INFILE 语句
Grant_priv	ENUM('N','Y')	NO	N	是否可以将自己的权限授予其他用户
References_priv	ENUM('N','Y')	NO	N	是否可以创建外键约束
Index_priv	ENUM('N','Y')	NO	N	是否可以对索引进行增、删、查
Alter_priv	ENUM('N','Y')	NO	N	是否可以重命名和修改表结构
Show_db_priv	ENUM('N','Y')	NO	N	是否可以查看服务器上所有数据库的名称，包括用户拥有足够访问权限的数据库
Super_priv	ENUM('N','Y')	NO	N	是否可以执行某些强大的管理功能，例如通过 KILL 语句删除用户进程；使用 SET GLOBAL 语句修改全局 MySQL 变量；执行关于复制和日志的各种命令（超级权限）
Create_tmp_table_priv	ENUM('N','Y')	NO	N	是否可以创建临时表
Lock_tables_priv	ENUM('N','Y')	NO	N	是否可以使用 LOCK TABLES 语句阻止对表的访问/修改
Execute_priv	ENUM('N','Y')	NO	N	是否可以执行存储过程
Repl_slave_priv	ENUM('N','Y')	NO	N	是否可以读取用于维护复制数据库环境的二进制日志文件

续表

字段名	字段类型	是否为空	默认值	说明
Repl_client_priv	ENUM('N','Y')	NO	N	是否可以确定复制从服务器和主服务器的位置
Create_view_priv	ENUM('N','Y')	NO	N	是否可以创建视图
Show_view_priv	ENUM('N','Y')	NO	N	是否可以查看视图
Create_routine_priv	ENUM('N','Y')	NO	N	是否可以更改或放弃存储过程和函数
Alter_routine_priv	ENUM('N','Y')	NO	N	是否可以修改或删除存储函数和函数
Create_user_priv	ENUM('N','Y')	NO	N	是否可以执行 CREATE USER 语句，该语句用于创建新的 MySQL 用户
Event_priv	ENUM('N','Y')	NO	N	是否可以创建、修改和删除事件
Trigger_priv	ENUM('N','Y')	NO	N	是否可以创建和删除触发器
Create_tablespace_priv	ENUM('N','Y')	NO	N	是否可以创建表空间

如果要修改权限，可以使用 GRANT 语句为用户赋予一些权限，也可以通过使用 UPDATE 语句更新 user 表的方式来设置权限。

3. 安全列

安全列主要用来判断用户是否能够登录成功。user 表的安全列如表 8-3 所示。

表 8-3　user 表的安全列

字段名	字段类型	是否为空	默认值	说明
ssl_type	ENUM('','ANY','X509','SPECIFIED')	NO		支持 SSL（Secure Socket Layer，安全套接字层）标准加密安全字段
ssl_cipher	BLOB	NO		支持 SSL 标准加密安全字段
x509_issuer	BLOB	NO		支持 X.509 标准字段
x509_subject	BLOB	NO		支持 X.509 标准字段
plugin	CHAR(64)	NO	mysql_native_password	引入 plugin 以进行用户连接时的密码验证，plugin 用于创建外部/代理用户
password_expired	ENUM('N','Y')	NO	N	密码是否过期（N 表示未过期，Y 表示已过期）
password_last_changed	TIMESTAMP	YES		记录密码最近修改的时间
password_lifetime	SMALLINT(5) UNSIGNED	YES		设置密码的有效时间，单位为天
account_locked	ENUM('N','Y')	NO	N	用户是否被锁定（Y 表示锁定，N 表示未锁定）

注意：即使 password_expired 字段的值为 Y，用户也可以使用密码登录 MySQL，但是不能做任何操作。

通常标准的发行版不支持 SSL，读者可以使用 SHOW VARIABLES LIKE "have_openssl" 语句来查看是否具有 SSL 功能。如果 have_openssl 的值为 DISABLED，则表示不支持 SSL

加密功能。

4．资源控制列

资源控制列的字段用来限制用户使用的资源。user 表的资源控制列如表 8-4 所示。

表 8-4　user 表的资源控制列

字段名	字段类型	是否为空	默认值	说明
max_questions	INT(11) UNSIGNED	NO	0	规定每小时允许执行查询的操作次数
max_updates	INT(11) UNSIGNED	NO	0	规定每小时允许执行更新的操作次数
max_connections	INT(11) UNSIGNED	NO	0	规定每小时允许执行的连接操作次数
max_user_connections	INT(11) UNSIGNED	NO	0	规定允许同时建立的连接次数

以上字段的默认值为 0，表示没有限制。一个小时内用户查询或者连接数量超过资源控制限制时，用户将被锁定，直到下一个小时才可以再次执行对应的操作。可以使用 GRANT 语句更新这些字段的值。

8.2.2　管理用户

1．创建用户

MySQL 在安装时，会默认创建一个名为"root"的用户，该用户拥有超级权限，可以控制整个 MySQL 服务器。

在对 MySQL 的日常管理和操作中，为了避免有人恶意使用 root 用户控制数据库，我们通常创建一些具有适当权限的用户，尽可能地不用或少用 root 用户登录系统，以此来确保数据的安全。

MySQL 提供了以下 3 种方法创建用户：使用 CREATE USER 语句创建用户、在 mysql.user 表中添加用户、使用 GRANT 语句创建用户。下面通过实例详细讲解这 3 种方法。

（1）使用 CREATE USER 语句创建用户

可以使用 CREATE USER 语句来创建 MySQL 用户，并设置相应的密码。其基本语法格式如下：

```
CREATE USER <用户> [ IDENTIFIED BY [ PASSWORD ] 'password' ] [ ,用户[ IDENTIFIED
BY [ PASSWORD ] 'password' ]]
```

语法说明如下。

① 用户：用于指定用户账号，格式为 user_name'@'host_name。这里的 user_name 是用户名，host_name 为主机名，即用户连接 MySQL 服务器时所用主机的名字。如果在创建用户的过程中，只给出用户名，而没有指定主机名，那么主机名默认为"%"，表示一组主机，即对所有主机开放权限。

② IDENTIFIED BY 子句：用于指定用户密码。新用户可以没有初始密码，若不为用户设置密码，可省略此子句。

③ PASSWORD 'password'：PASSWORD 表示使用哈希值设置密码，该参数可选。如果密码是一个普通的字符串，则不需要使用 PASSWORD 关键字。'password' 表示用户登录时使用的密码，需要用单引号标注。

使用 CREATE USER 语句时应注意以下几点。

① 使用 CREATE USER 语句可以不指定初始密码。但是从安全的角度来说，不推荐采取这种做法。

② 使用 CREATE USER 语句必须拥有 mysql 数据库的 INSERT 权限或全局 CREATE USER 权限。

③ 使用 CREATE USER 语句创建一个用户后，MySQL 会在 mysql 数据库的 user 表中添加一条新记录。

④ 使用 CREATE USER 语句可以同时创建多个用户，多个用户用逗号隔开。

新创建的用户拥有的权限很少，他们只能执行不需要权限的操作，如登录 MySQL、使用 SHOW 语句查询所有存储引擎和字符集的列表等。如果两个用户的用户名相同，但主机名不同，MySQL 会将他们视为两个用户，并允许为这两个用户分配不同的权限。

【案例 8-2】使用 CREATE USER 语句创建一个用户，用户名是"test1"，密码是"test1"，主机名是"localhost"。

代码如下：

```
CREATE USER 'test1'@'localhost' IDENTIFIED BY 'test1';
```

（2）使用 INSERT 语句创建用户

可以使用 INSERT 语句将用户的信息添加到 mysql.user 表中，但必须拥有对 mysql.user 表的 INSERT 权限。通常 INSERT 语句只添加 Host、User 和 authentication_string 这 3 个字段的值。

使用 INSERT 语句创建用户的语法格式如下：

```
INSERT INTO mysql.user(Host, User, authentication_string, ssl_cipher, x509_issuer, x509_subject) VALUES ('hostname', 'username', PASSWORD('password'), '', '', '');
```

由于 mysql 数据库的 user 表中 ssl_cipher、x509_issuer 和 x509_subject 这 3 个字段没有默认值，所以向 user 表插入新记录时，一定要设置这 3 个字段的值，否则 INSERT 语句将不能执行。

【案例 8-3】使用 INSERT 语句创建名为"test2"的用户，主机名是"localhost"，密码是"test2"。

代码如下：

```
INSERT INTO mysql.user(Host, User, authentication_string, ssl_cipher, x509_issuer, x509_subject) VALUES ('localhost', 'test2', PASSWORD('test2'), '', '', '');
```

但是这时如果通过该用户登录 MySQL 服务器，不会登录成功，因为 test2 用户还没有生效。

可以使用 FLUSH 语句让用户生效，代码如下：

```
FLUSH PRIVILEGES;
```

执行以上代码可以让 MySQL 刷新系统权限相关表。执行 FLUSH 语句需要 RELOAD 权限。

注意：user 表中的 User 和 Host 字段区分大小写，创建用户时要指定正确的用户名或主机名。

提示：MySQL 5.7 的 user 表中的密码字段从 Password 变成了 authentication_string，如果你使用的是 MySQL 5.7 之前的版本，将 authentication_string 字段替换成 Password 字段即可。

（3）使用 GRANT 语句创建用户

虽然 CREATE USER 和 INSERT 语句都可以创建普通用户，但是这两种方式不便于授予用户权限，于是 MySQL 提供了 GRANT 语句。

使用 GRANT 语句创建用户的基本语法格式如下：

```
GRANT priv_type ON database.table TO user [IDENTIFIED BY [PASSWORD] 'password']
```

语法说明如下。

① priv_type：新用户的权限。

② database.table：新用户的权限范围，即只能在指定的数据库和表上使用其权限。

③ user：用于指定新用户的账号，由用户名和主机名构成。

④ IDENTIFIED BY：用来设置密码。

⑤ password：新用户的密码。

【案例 8-4】使用 GRANT 语句创建名为"test3"的用户，主机名为"localhost"，密码为"test3"。该用户对所有数据库的所有表都有 SELECT 权限。

代码如下：

```
GRANT SELECT ON *.* TO 'test3'@localhost IDENTIFIED BY 'test3';
```

其中，"*.*"表示所有数据库下的所有表。上述代码的执行结果显示创建用户成功，且 test3 用户对所有表都有 SELECT 权限。

技巧：GRANT 语句是 MySQL 中一个非常重要的语句，它可以用来创建用户、修改用户密码和设置用户权限。后文会详细介绍如何使用 GRANT 语句修改密码、更改权限。

2. 修改用户

在 MySQL 中，可以使用 RENAME USER 语句修改一个或多个已经存在的用户账号。其基本语法格式如下：

```
RENAME USER <旧用户> TO <新用户>
```

语法说明如下。

① 旧用户：系统中已经存在的 MySQL 用户账号。

② 新用户：新的 MySQL 用户账号。

使用 RENAME USER 语句时应注意以下几点。

① RENAME USER 语句用于对原有的 MySQL 用户进行重命名。

② 若系统中旧用户不存在或者新用户已存在，该语句执行时会出现错误。

③ 使用 RENAME USER 语句，必须拥有 mysql 数据库的 UPDATE 权限或全局 CREATE USER 权限。

【案例 8-5】使用 RENAME USER 语句将用户名"test1"修改为"testuser1"，主机名是"localhost"。

代码如下：

```
RENAME USER 'test1'@localhost  TO 'testuser1'@localhost;
```

3. 删除用户

在 MySQL 数据库中，可以使用 DROP USER 语句删除用户，也可以直接在 mysql.user 表中删除用户以及相关权限。

（1）使用 DROP USER 语句删除普通用户

使用 DROP USER 语句删除用户的语法格式如下：

```
DROP USER <用户1> [ , <用户2> …]
```

其中，用户用来指定需要删除的用户账号。

使用 DROP USER 语句应注意以下几点。

① DROP USER 语句可用于删除一个或多个用户，并撤销其权限。

② 使用 DROP USER 语句必须拥有 mysql 数据库的 DELETE 权限或全局 CREATE USER 权限。

③ 在 DROP USER 语句中，若没有明确地给出用户的主机名，则主机名默认为"%"。

注意：用户的删除不会影响他们之前所创建的表、索引或其他数据库对象，因为 MySQL 并不会记录是谁创建了这些对象。

【案例 8-6】使用 DROP USER 语句删除用户 test4。

代码如下：

```
DROP USER 'test4'@localhost;
```

（2）使用 DELETE 语句删除普通用户

可以使用 DELETE 语句直接删除 mysql.user 表中相应的用户信息，但必须拥有 mysql.user 表的 DELETE 权限。其基本语法格式如下：

```
DELETE FROM mysql.user WHERE Host='hostname' AND User='username';
```

Host 和 User 这两个字段都是 mysql.user 表的主键。因此，需要指定这两个字段的值才能确定一条记录。

【案例 8-7】使用 DELETE 语句删除用户'test2'@'localhost'。

代码如下：

```
DELETE FROM mysql.user WHERE Host='localhost' AND User='test2';
```

可以使用 SELECT 语句查询 mysql.user 表，以确定该用户是否已经成功删除。

8.2.3 权限管理

1. 查看用户权限

在 MySQL 中，可以通过查看 mysql.user 表中的记录来查看相应的用户权限，也可以使用 SHOW GRANTS FOR 语句查询用户的权限。

mysql 数据库下的 user 表中存储着用户的基本权限，可以使用 SELECT 语句来查看，其语法格式如下：

```
SELECT * FROM mysql.user;
```

要执行该语句，必须拥有对 user 表的 SELECT 权限。

注意：新创建的用户只有登录 MySQL 服务器的权限，没有任何其他权限，不能查询 user 表。

除了使用 SELECT 语句，还可以使用 SHOW GRANTS FOR 语句查看权限。其语法格式如下：

```
SHOW GRANTS FOR 'username'@'hostname';
```

其中，username 表示用户名，hostname 表示主机名或主机 IP 地址。

【案例 8-8】创建 testuser1 用户并查询其权限，代码如下：

```
CREATE USER 'testuser1'@'localhost';
SHOW GRANTS FOR 'testuser1'@'localhost';
```

testuser1 用户权限如图 8-8 所示。

其中，USAGE ON *.*表示该用户对任何数据库和任何表都没有权限。

图 8-8　testuser1 用户权限

【案例 8-9】查询 root 用户的权限。

代码如下：

```
SHOW GRANTS FOR 'root'@'localhost';
```

2. 授予用户权限

授权就是为某个用户赋予某些权限。例如，可以为新建的用户赋予查询所有数据库和表的权限。MySQL 提供了 GRANT 语句来为用户设置权限。

在 MySQL 中，拥有 GRANT 权限的用户才可以执行 GRANT 语句，其语法格式如下：

```
GRANT priv_type [(column_list)] ON database.table
TO user [IDENTIFIED BY [PASSWORD] 'password']
[, user[IDENTIFIED BY [PASSWORD] 'password']...]
[WITH with_option [with_option]...];
```

语法说明如下。

① priv_type：权限类型。

② column_list：权限作用于哪些列上，省略该参数时，表示作用于整个表。

③ database.table：用于指定权限的级别。

④ user：用户账户，由用户名和主机名构成，格式是 "'username'@'hostname'"。

⑤ IDENTIFIED BY：用来为用户设置密码。

⑥ password：用户的新密码。

⑦ WITH 关键字后面可以带一个或多个 with_option 参数。这个参数有 5 个选项，详细介绍如下。

- GRANT OPTION：被授权的用户可以将这些权限赋予别的用户。
- MAX_QUERIES_PER_HOUR count：设置每个小时可以执行 count 次查询。
- MAX_UPDATES_PER_HOUR count：设置每个小时可以执行 count 次更新。
- MAX_CONNECTIONS_PER_HOUR count：设置每个小时可以建立 count 个连接。

● MAX_USER_CONNECTIONS count：设置单个用户可以同时具有 count 个连接。

MySQL 中可以授予的权限有如下 4 种。

① 列权限：和表中的一个具体列相关。例如，可以使用 UPDATE 语句更新表 students 中 name 列的值的权限。

② 表权限：和一个具体表中的所有数据相关。例如，可以使用 SELECT 语句查询表 students 的所有数据的权限。

③ 数据库权限：和一个具体的数据库中的所有表相关。例如，可以在已有的数据库 mytest 中创建新表的权限。

④ 用户权限：和 MySQL 中所有的数据库相关。例如，可以删除已有的数据库或者创建一个新的数据库的权限。

对应地，在 GRANT 语句中可用于指定权限级别的值有以下 6 类格式。

① *：当前数据库中的所有表。

② *.*：所有数据库中的所有表。

③ db_name.*：某个数据库中的所有表，db_name 用于指定数据库名。

④ db_name.tbl_name：某个数据库中的某个表或视图，db_name 用于指定数据库名，tbl_name 用于指定表名或视图名。

⑤ db_name.routine_name：某个数据库中的某个存储过程或函数，routine_name 用于指定存储过程名或函数名。

⑥ TO 子句：如果权限被授予一个不存在的用户，MySQL 会自动执行一条 CREATE USER 语句来创建这个用户，但同时必须为该用户设置密码。

【案例 8-10】使用 GRANT 语句创建一个新的用户 testuser，密码为"testpwd"。用户 testuser 对所有的数据有查询、插入权限，并拥有 GRANT 权限。

代码如下：

```
GRANT SELECT,INSERT ON *.* TO 'a' 'testUser'@'localhost' IDENTIFIED BY
'testpwd' WITH GRANT OPTION;
```

使用 SHOW GRANTS FOR 语句查询用户 testuser 的权限，代码如下：

```
SHOW GRANTS FOR 'testuser'@'localhost';
```

注意：数据库管理员给普通用户授权时一定要特别小心，如果授权不当，可能会给数据库带来严重的破坏。一旦发现给用户的权限太多，应该尽快使用 REVOKE 语句将权限收回。要特别注意，最好不要授予普通用户 SUPER 权限、GRANT 权限。

3．收回用户权限

在 MySQL 中，可以使用 REVOKE 语句收回某个用户的某些权限（此用户不会被删除），在一定程度上可以保证系统的安全性。例如，如果数据库管理员觉得某个用户不应该拥有 DELETE 权限，那么可以收回其 DELETE 权限。

使用 REVOKE 语句收回权限的语法格式有如下两种形式。

（1）收回用户某些特定的权限

其语法格式如下：

```
REVOKE priv_type [(column_list)]...
ON database.table
FROM user [, user...]
```

REVOKE 语句中的参数与 GRANT 语句中的参数意义相同。

【案例 8-11】使用 REVOKE 语句取消用户 testuser 的插入权限。

代码如下：

```
REVOKE INSERT ON *.* FROM 'testuser'@'localhost';
```

（2）收回特定用户的所有权限

其语法格式如下：

```
REVOKE ALL PRIVILEGES, GRANT OPTION FROM user [, user...]
```

【案例 8-12】使用 REVOKE 语句收回用户 testuser 的所有权限。

代码如下：

```
REVOKE INSERT ON *.* FROM 'testuser'@'localhost';
```

8.2.4 任务实施

1. 利用 SQLyog 界面操作创建用户并设置权限

① 启动 MySQL 客户端工具 SQLyog，选择"工具"→"用户管理"命令，如图 8-9 所示。或在工具栏中选择"用户管理器"，如图 8-10 所示。打开"用户管理"对话框，如图 8-11 所示。

图 8-9 选择"工具"→"用户管理"命令

图 8-10 在工具栏中选择"用户管理器"

② 在"用户管理"对话框中，单击"添加新用户"按钮，输入用户名、密码等，如图 8-12 所示。

③ 创建好用户之后，为用户设置权限，选择数据库"stumandb"下的"t_score"表，在右侧勾选"SELECT"，如图 8-13 所示。

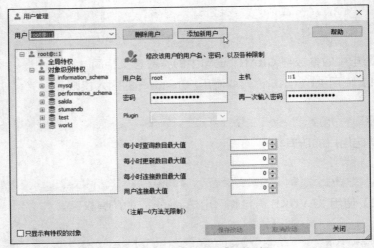

图 8-11　"用户管理"对话框

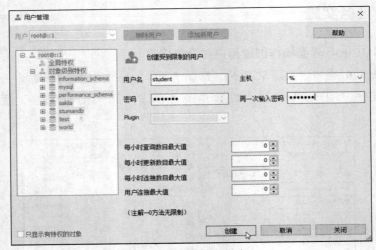

图 8-12　创建新用户

图 8-13　为学生用户设置权限

④ 按照上面的方法，创建一个教师用户 teacher，并为 teacher 用户设置对成绩的编辑和查询权限，如图 8-14 所示。

图 8-14　为教师用户设置权限

2．利用 SQL 语句创建用户

```
CREATE USER 'student'@'%' IDENTIFIED BY 'student';
CREATE USER 'teacher'@'%' IDENTIFIED BY 'teacher';
```

3．利用 SQL 语句为用户分配权限

```
GRANT SELECT ON stumandb.t_score TO 'student'@'%';
GRANT SELECT,INSERT,UPDATE,DELETE ON stumandb.t_score TO 'teacher'@'%';
```

【任务小结】

本任务主要介绍了创建用户、修改用户与删除用户，以及查看用户权限、用户授权与收回用户权限。

8.2.5　知识拓展：修改密码

1．MySQL 修改密码的 3 种方式

（1）使用 SET PASSWORD 修改密码

```
SET PASSWORD FOR username @localhost = password(newpwd);
```

其中，username 为要修改密码的用户名，newpwd 为要修改的新密码。

（2）使用 mysqladmin 修改密码

使用 mysqladmin 命令修改 MySQL 的 root 用户密码的语法格式如下：

```
mysqladmin -u username -p oldpwd password newpwd;
```

其中，username 为要修改密码的用户名，oldpwd 为旧密码，newpwd 为要修改的新密码。

（3）使用 UPDATE 直接编辑 user 表

使用 UPDATE 修改 MySQL 的 root 用户密码的语法格式如下：

```
UPDATE USER SET PASSWORD=PASSWORD('newpwd') WHERE USER='username' AND HOST=
'localhost';
```

其中，username 为要修改密码的用户名，newpwd 为要修改的新密码。

2. MySQL 忘记 root 用户密码后重置密码

① 修改 my.ini 文件（对于 MySQL 5.5 以上版本，此文件在一个隐藏文件夹 ProgramData 中），在[mysqld]下添加 skip-grant-tables。

② 重启 MySQL 服务后，就可以以空密码登录。

③ 修改 root 用户密码。

```
USE mysql;
UPDATE USER SET PASSWORD=PASSWORD('root') WHERE USER='root';
```

PASSWORD('root')处必须用函数设置。

④ 修改密码后需要重新启动 MySQL 服务或者执行 FLUSH PRIVILEGES 语句，用于从 MySQL 数据库中的授权表重新载入权限。

⑤ 把 skip-grant-tables 这一句删掉再重启 MySQL 服务。

项目总结

本项目主要讲解了数据库备份和还原机制、数据库的迁移、用户管理和权限管理。随着信息化、网络化水平的不断提高，重要数据信息的安全受到越来越大的威胁，而大量的重要数据往往都存放在数据库系统中，所以保护数据信息，防范信息泄露和篡改应为每个数据库管理员的重要使命。

项目实战

1. 备份和还原单个数据库：备份并还原网上订餐系统数据库 onlineordsysdb。

2. 同时备份两个数据库：建立 db_bf1 数据库（参照案例 8-1），完成 onlineordsysdb 和 db_bf1 两个数据库的备份和还原。

3. 备份 MySQL 下的所有数据库。

4. 为 onlineordsysdb 创建一个管理员用户，负责管理 onlineordsysdb，可以为 onlineordsysdb 创建用户，可以管理本数据库中的任何对象，对数据有增、删、改、查的权限。

5. 为 onlineordsysdb 创建一个普通管理员用户，该用户对 onlineordsysdb 中的数据有增、删、改、查的权限。

6. 为 onlineordsysdb 创建一个普通用户，该用户只能查询 onlineordsysdb 中的数据。

习题训练

一、选择题

1. 数据冗余可能会引起的问题有（　　）。

    A. 读取异常   B. 更新异常   C. 修改异常   D. 删除异常

2. 下列有关数据库还原的说法中，正确的是（　　）。

    A. 还原数据库是通过备份好的数据文件进行的

B．还原是指还原数据库中的数据，而数据库是不能被还原的

C．使用 mysql 命令可以还原数据库中的数据

D．数据库是可以被还原的

3．用于数据库还原的重要文件是（　　　）。

  A．日志文件　　　　B．索引文件　　　C．数据库文件　　　D．备注文件

4．下列选项中，包含权限表的是（　　　）。

  A．test 数据库　　　B．mysql 数据库　C．temp 数据库　　　D．mydb1 数据库

5．下列选项中，用于保存用户名和密码的表是（　　　）。

  A．tables_priv　　　B．columns_priv　C．db　　　　D．user

6．关于 MySQL 修改密码权限说法错误的是（　　　）。

  A．root 用户的密码只能由 root 用户进行修改

  B．普通用户账户密码可以由 root 用户进行修改

  C．普通用户账户密码可以由普通账户自己进行修改

  D．普通用户账户密码可以由其他普通账户进行修改

7．下列关于用户及权限的叙述中，错误的是（　　　）。

  A．删除用户时，系统同时删除该用户创建的表

  B．root 用户拥有操作和管理 MySQL 的所有权限

  C．系统允许给用户授予与 root 用户相同的权限

  D．新建用户必须经授权才能访问数据库

二、判断题

1．在 MySQL 中，为了保证数据库的安全性，需要将用户不必要的权限收回。（　　　）

2．使用 mysql 命令还原数据库时，需要先登录到 MySQL 服务器。（　　　）

3．在安装 MySQL 时，会自动安装一个名为"mysql"的数据库，该数据库中的表都是权限表。（　　　）

4．MySQL 提供了一个 mysqldump 命令，它可以实现数据的备份。（　　　）

5．实现数据还原时，可以在命令提示符窗口执行 mysql 命令，也可以在 MySQL 命令提示符窗口执行 source 命令来还原数据。（　　　）

6．root 用户密码丢失后不能再找回，只能重新安装 MySQL。（　　　）

7．使用 GRANT 语句创建用户时使用 IF NOT EXISTS 可避免因用户存在而出错。（　　　）

8．'test'@'127.0.0.1'中的 IP 地址 127.0.0.1 表示远程主机。（　　　）

三、简答题

1．简述数据备份按照数据集合的范围分为几类，各有什么特点？按照数据库的在线状态分为几类，各有何特点？

2．简述使用 SHOW GRANTS 语句查询权限信息的基本语法格式。

3．创建 manager 用户并授予该用户查询对数据库 stumandb 的查询权限。

附录

附录 A 学生成绩管理系统数据库说明

学生成绩管理系统是一个 B/S 模式的系统，该系统能够实现前台用户注册、登录、选课、成绩录入和查询等功能。

根据系统功能描述和实际需求，实施 stumanbd 数据库的设计，主要数据表的结构和内容如下。

1. t_class 表

t_class 表结构如表 A-1 所示。

表 A–1 t_class 表结构

序号	属性名称	含义	数据类型	长度	是否为空	约束
1	classno	班级编号	CHAR	3	NOT NULL	主键
2	classname	班级名称	VARCHAR	50	NULL	

t_class 表内容如表 A-2 所示。

表 A–2 t_class 表内容

classno	classname
001	20 软件技术 1 班
002	20 软件技术 2 班
003	20 软件技术 3 班
004	20 软件技术 4 班
005	20 软件技术 5 班
006	20 软件技术 6 班
007	20 物联网 1 班
008	20 物联网 2 班

2. t_dorm 表

t_dorm 表结构如表 A-3 所示。

表 A-3 t_dorm 表结构

序号	属性名称	含义	数据类型	长度	是否为空	约束
1	d_id	宿舍号	CHAR	4	NOT NULL	主键
2	d_type	宿舍类型	VARCHAR	20	NOT NULL	
3	d_buildnum	楼号	INT	4	NOT NULL	
4	d_bednum	床位号	INT	4	NOT NULL	
5	d_remark	备注信息	VARCHAR	50	NULL	

t_dorm 表内容如表 A-4 所示。

表 A-4 t_dorm 表内容

d_id	d_type	d_buildnum	d_bednum	d_remark
1001	标兵宿舍	1	6	外省 1 人
2002	文明宿舍	2	6	
1003	普通宿舍	1	7	
2004	标兵宿舍	2	7	回民 1 人
3005	文明宿舍	3	5	
4006	文明宿舍	4	5	

3. t_students 表

t_students 表结构如表 A-5 所示。

表 A-5 t_students 表结构

序号	属性名称	含义	数据类型	长度	是否为空	约束
1	stuno	学号	CHAR	11	NOT NULL	主键
2	stuname	姓名	VARCHAR	30	NOT NULL	唯一
3	stugender	性别	ENUM		NOT NULL	取值为"男"或"女"，默认值为"男"
4	stubirth	出生日期	DATETIME		NOT NULL	
5	classno	班级编号	CHAR	3	NOT NULL	外键
6	d_id	宿舍号	CHAR	4	NOT NULL	外键

t_students 表内容如表 A-6 所示。

表 A-6 t_students 表内容

stuno	stuname	stugender	stubirth	classno	d_id
35092001021	张江涛	男	2002-11-03	001	1001
35092002010	刘婷婷	女	2001-02-11	002	2002
35092002023	林强	男	2001-10-10	003	1003
35092002022	李玉红	女	2001-01-23	004	2004
35091903024	程学峰	男	2000-12-08	005	3005

续表

stuno	stuname	stugender	stubirth	classno	d_id
35092005021	刘梦瑶	女	2000-06-09	006	4006
35092005059	张浩	男	2001-11-10	007	2002
35092001007	王小蒙	女	1999-12-10	008	1003
35092001024	王赛	男	1999-02-13	001	1001

4. t_profetitle 表

t_profetitle 表结构如表 A-7 所示。

表 A-7　t_profetitle 表结构

序号	属性名称	含义	数据类型	长度	是否为空	约束
1	profetitleno	职称编号	VARCHAR	6	NOT NULL	主键
2	profetitle	职称名称	VARCHAR	30	NOT NULL	唯一

t_profetitle 表内容如表 A-8 所示。

表 A-8　t_profetitle 表内容

profetitleno	profetitle
Z001	助教
Z002	讲师
Z003	副教授
Z004	教授
Z005	助理实验师
Z006	实验师
Z007	高级实验师

5. t_teachers 表

t_teachers 表结构如表 A-9 所示。

表 A-9　t_teachers 表结构

序号	属性名称	含义	数据类型	长度	是否为空	约束
1	teano	教师编号	VARCHAR	12	NOT NULL	主键
2	teaname	姓名	VARCHAR	50	NULL	
3	teagender	性别	CHAR	2	NULL	
4	teabirth	出生日期	DATETIME		NULL	
5	profetitleno	职称编号	VARCHAR	6	NULL	外键

t_teachers 表内容如表 A-10 所示。

表 A-10 t_teachers 表内容

teano	teaname	teagender	teabirth	profetitleno
2001030217	刘依然	女	1976-12-03	Z003
2004090216	张鹏超	男	1983-08-10	Z002
1998032561	王龙飞	男	1972-09-06	Z004
2019482719	李晓霞	女	2001-01-08	Z001
2001030277	李梦	女	1975-08-12	Z003

6. t_course 表

t_course 表结构如表 A-11 所示。

表 A-11 t_course 表结构

序号	属性名称	含义	数据类型	长度	是否为空	约束
1	courseno	课程编号	VARCHAR	10	NOT NULL	主键
2	coursename	课程名称	VARCHAR	50	NULL	唯一
3	coursenature	课程性质	ENUM		NOT NULL	取值为"考试课"或"考查课"
4	coursescore	课程学分	FLOAT		NOT NULL	
5	coursehour	课程学时	INT		NULL	

t_course 表内容如表 A-12 所示。

表 A-12 t_course 表内容

courseno	coursename	coursenature	coursescore	coursehour
07081903	C 语言程序设计基础	考试课	3	56
07081911	SQL Server 数据库	考试课	3	56
07081917	ASP.NET 动态网页设计	考试课	6.5	120
07081920	基于 Java 平台的动态网站建设实务	考查课	4	72
07081918	框架编程技术	考查课	1.5	28
07091904	图像处理（Photoshop）	考查课	3	56
07091906	色彩构成	考试课	3	48
07091923	高等数学	考试课	3	60

7. t_tealecture

t_tealecture 表结构如表 A-13 所示。

表 A-13 t_tealecture 表结构

序号	属性名称	含义	数据类型	长度	是否为空	约束
1	lectureno	授课编号	VARCHAR	8	NOT NULL	主键
2	teano	教师编号	VARCHAR	12	NOT NULL	外键
3	courseno	课程编号	VARCHAR	10	NOT NULL	外键
4	courseterm	开设学期	VARCHAR	4	NOT NULL	

t_tealecture 表内容如表 A-14 所示。

表 A-14   t_tealecture 表内容

lectureno	teano	courseno	courseterm
LN001	2001030217	07081903	第一学期
LN002	2004090216	07081911	第二学期
LN003	1998032561	07081917	第一学期
LN004	2019482719	07081920	第二学期
LN005	2001030277	07081918	第三学期
LN006	2001030217	07091904	第三学期
LN007	2004090216	07091906	第四学期
LN008	1998032561	07091923	第四学期
LN009	2019482719	07081903	第五学期

8. t_score 表

t_score 表结构如表 A-15 所示。

表 A-15   t_score 表结构

序号	属性名称	含义	数据类型	长度	是否为空	约束	
1	stuno	学号	CHAR	11	NOT NULL	外键	主键
2	courseno	课程编号	VARCHAR	10	NOT NULL	外键	
3	score	成绩	INT				

t_score 表内容如表 A-16 所示。

表 A-16   t_score 表内容

stuno	courseno	score
35092001021	07081903	98
35092001021	07091906	86
35092002023	07081911	56
35092002022	07081917	82
35091903024	07091923	77
35092005021	07081920	50
35092005059	07081918	90
35092001007	07091904	93
35092001024	07081903	85

9. t_test1 表

t_test1 表结构如表 A-17 所示。

表 A-17   t_test1 表结构

序号	属性名称	含义	数据类型	长度	是否为空	约束
1	col1	测试字段 1	CHAR	11	NOT NULL	无
2	col2	测试字段 2	VARCHAR	30	NULL	无

附录 B 网上订餐系统数据库说明

网上订餐系统是一个 B/S 模式的系统，该系统能够实现用户注册、登录、选餐、查看订单和查询等功能。

根据系统功能描述和实际需求，实施 onlineordsysdb 数据库的设计，主要数据表的结构和记录如下。

1. users 表

users 表结构如表 B-1 所示。

表 B-1 users 表结构

序号	属性名称	含义	数据类型	长度	是否为空	约束
1	userno	用户编号	CHAR	8	NOT NULL	主键
2	username	姓名	VARCHAR	50	NOT NULL	
3	usernickname	昵称	VARCHAR	50	NOT NULL	
4	usergender	性别	CHAR	1	NOT NULL	
5	userregistration	注册时间	DATETIME		NOT NULL	
6	userphone	电话	CHAR	20	NOT NULL	
7	useraddress	地址	VARCHAR	100	NOT NULL	
8	usergrade	级别	ENUM		NOT NULL	取值为"普通""超级""金钻"，默认值为"普通"

users 表内容如表 B-2 所示。

表 B-2 users 表内容

userno	username	usernickname	usergender	userregistration	userphone	useraddress	usergrade
u100001	张展	展展	男	2017-2-3	13112345432	河北石家庄裕华路 88 号	普通
u100002	刘梅	梅花	女	2018-3-3	13012344321	河北石家庄和平路 5 号	超级
u200003	李武坡	阿仔	男	2017-5-13	13312344321	河北石家庄中山路 60 号	金钻
u300004	高达	达人天下	男	2017-2-13	13412344321	河北石家庄裕华路 4 号	普通
u400001	高帅	帅帅	男	2019-12-3	13512344321	河北石家庄和平路 16 号	超级
u400002	李魁	小李子	男	2017-5-6	13612344321	河北石家庄中山路 60 号	金钻
u100003	高丽	丽丽	女	2017-2-23	13712344321	河北石家庄裕华路 14 号	普通
u300001	李乐淮	乐乐	女	2018-2-13	13812344321	河北石家庄和平路 9 号	超级

2. menu 表

menu 表结构如表 B-3 所示。

表 B-3　menu 表结构

序号	属性名称	含义	数据类型	长度	是否为空	约束
1	menuno	菜单编号	CHAR	12	NOT NULL	主键
2	menuname	菜品名称	VARCHAR	50	NOT NULL	唯一
3	typesno	菜品种类编号	CHAR	6	NOT NULL	外键
4	menuffavour	风味	VARCHAR	50	NOT NULL	
5	menuprice	单价	FLOAT		NOT NULL	
6	menudicount	折扣	FLOAT		NOT NULL	

menu 表内容如表 B-4 所示。

表 B-4　menu 表内容

menuno	menuname	typesno	menufavour	menuprice	menudicount
m112001021	蒜香鸡翅	001	四川风味	34	0.9
m112002010	滑蛋炒牛肉	001	保定风味	30	0.9
m112002023	红烧鸡爪	001	山东风味	43	0.9
m222002022	小米蒸排骨	001	四川风味	40	0.9
m111903024	剁辣椒炒鸡胗	002	保定风味	50	0.8
m222005021	麻婆茄子	001	山东风味	15	0.9
m222005059	香辣猪蹄	002	四川风味	48	0.8
m222001007	韭菜炒香干	001	山东风味	18	0.9
m333001001	米饭	003	保定风味	2	0.8
m333001002	水饺	003	保定风味	10	0.9
m333001003	葱香大饼	003	保定风味	8	0.8
m000001001	小香槟	004	保定风味	4	0.8
m000001002	火龙全果汁	004	石家庄风味	20	0.9

3. orders 表

orders 表结构如表 B-5 所示。

表 B-5　orders 表结构

序号	属性名称	含义	数据类型	长度	是否为空	约束
1	ordersno	订单编号	CHAR	10	NOT NULL	主键
2	userno	用户编号	CHAR	8	NOT NULL	外键
3	orderstime	订餐时间	DATETIME		NOT NULL	
4	orderspaidmode	付款方式	VARCHAR	20	NOT NULL	
5	ordersphone	联系电话	CHAR	20	NOT NULL	
6	ordersmoney	金额	FLOAT		NOT NULL	
7	staffno	送餐员工编号	CHAR	10	NOT NULL	外键
8	orderscook	炒菜厨师	VARCHAR	30	NULL	

orders 表内容如表 B-6 所示。

表 B-6　orders 表内容

ordersno	userno	orderstime	orderspaidmode	ordersphone	ordersmoney	staffno	orderscook
08130001	u100001	2021-4-3 11:20:30	微信	13112345000	96.30	S1000001	刘勇
08130002	u100002	2021-3-3 12:03:10	支付宝	13012344000	85.50	S1000002	张平
08140003	u200003	2021-3-13 11:30:23	微信	13312344111	84.00	S1000003	萧寒力
08150001	u300004	2021-2-13 12:06:10	微信	13412344222	53.10	S2000001	马少辉
08150002	u400001	2021-4-3 11:30:15	微信	13512344321	76.30	S2000002	王召阳
08160002	u400002	2021-4-5 12:10:30	支付宝	13612344321	64.90	S2000002	平瑞
08160003	u100003	2021-4-4 12:20:20	微信	13712344321	155.00	S3000002	平玉明
08170001	U300001	2021-4-3 11:18:35	支付宝	13812344321	160.30	S3000003	刘迪
08170002	u100001	2021-4-5 12:10:30	微信	13112345000	84.00	S3000002	刘迪
08170003	u100002	2021-4-6 11:10:20	支付宝	13012344000	64.90	S1000003	张平

4．staff 表

staff 表结构如表 B-7 所示。

表 B-7　staff 表结构

序号	属性名称	含义	数据类型	长度	是否为空	约束
1	staffno	送餐员工编号	CHAR	10	NOT NULL	主键
2	staffname	送餐员工姓名	VARCHAR	20	NOT NULL	
3	staffarea	负责区域	VARCHAR	100	NOT NULL	
4	staffphone	联系电话	CHAR	20	NOT NULL	

staff 表内容如表 B-8 所示。

表 B-8　staff 表内容

staffno	staffname	staffarea	staffphone
S1000001	小飞侠	玉龙区域	13013001300
S1000002	神速到达	阿尔卡地亚区域	13013111311
S1000003	奥特曼	卓达区域	13013221322
S2000001	快乐之星	风河源区域	13013331333

续表

staffno	staffname	staffarea	staffphone
S2000002	克塞号	城南春天区域	13013441344
S3000002	神剑	龙凤湖区域	13013551355
S3000003	飞之影	滨湖新城区域	13013661366

5. orderdetails 表

orderdetails 表结构如表 B-9 所示。

表 B-9　orderdetails 表结构

表序号	属性名称	含义	数据类型	长度	是否为空	约束
1	detailsffno	订单序号	CHAR	8	NOT NULL	主键
2	ordersno	订单编号	CHAR	10	NOT NULL	外键
3	menuno	菜品编号	CHAR	12	NOT NULL	外键
4	detailscount	菜品数量	SMALLINT		NOT NULL	

orderdetails 表内容如表 B-10 所示。

表 B-10　orderdetails 表内容

detailsffno	ordersno	menuno	detailscount
D1000001	08130001	m112001021	2
D1000002	08130001	m112002010	1
D1000003	08130001	m112002023	1
D2000001	08130002	m222002022	2
D2000002	08130002	m222005021	1
D3000002	08150001	m112002023	1
D3000003	08150001	m333001003	2

6. types 表

types 表结构如表 B-11 所示。

表 B-11　types 表结构

序号	属性名称	含义	数据类型	长度	是否为空	约束
1	typesno	菜品种类编号	CHAR	6	NOT NULL	主键
2	typesname	菜品种类名称	ENUM		NOT NULL	取值为"热菜""凉菜""主食""饮品"
3	typedescription	描述	VARCHAR	100	NULL	

types 表内容如表 B-12 所示。

表 B-12　types 表内容

typesno	typesname	typedescription
001	热菜	省略
002	凉菜	省略
003	主食	省略
004	饮品	省略